21世纪地球与行星科学核心
课程规划教材

空间科学与技术基础

INTRODUCTION TO SPACE SCIENCE
AND TECHNOLOGY

焦维新　孙翌馨　编著

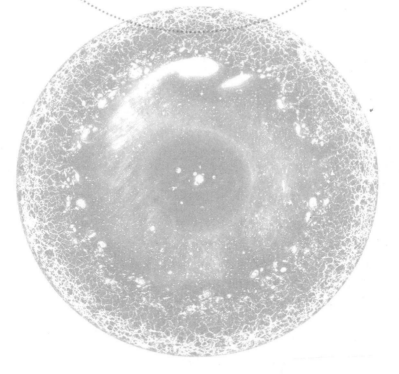

图书在版编目（CIP）数据

空间科学与技术基础 / 焦维新，孙翌馨编著. 北京：北京大学出版社，2024.10. --（21世纪地球与行星科学核心课程规划教材）. -- ISBN 978-7-301-35688-3

Ⅰ. V1

中国国家版本馆CIP数据核字第20242C6F08号

书　　名	空间科学与技术基础 KONGJIAN KEXUE YU JISHU JICHU
著作责任者	焦维新　孙翌馨　编著
责 任 编 辑	王斯宇
标 准 书 号	ISBN 978-7-301-35688-3
出 版 发 行	北京大学出版社
地　　址	北京市海淀区成府路205号　100871
网　　址	http://www.pup.cn　　新浪微博：@北京大学出版社
电 子 邮 箱	编辑部 lk2@pup.cn　　总编室 zpup@pup.cn
电　　话	邮购部 010-62752015　发行部 010-62750672　编辑部 010-62764976
印 刷 者	北京鑫海金澳胶印有限公司
经 销 者	新华书店
	787毫米×1092毫米　16开本　17.5印张　325千字 2024年10月第1版　2024年10月第1次印刷
定　　价	65.00元

未经许可，不得以任何方式复制或抄袭本书之部分或全部内容。
版权所有，侵权必究
举报电话：010-62752024　电子邮箱：fd@pup.cn
图书如有印装质量问题，请与出版部联系，电话：010-62756370

目　　录

第一章　空间物理学 1
  1.1　概述 1
  1.2　中高层大气物理学 3
  1.3　中高层大气光学奇观 6
  1.4　等离子体 9
  1.5　电离层 12
  1.6　磁层 16

第二章　空间天气学 21
  2.1　传统天气的特点 21
  2.2　空间天气的特点 23
  2.3　空间天气效应 25
  2.4　典型的空间天气事件 30
  2.5　美国新空间天气战略实施方案及对我国的启示 34

第三章　空间地球科学 39
  3.1　空间地球科学概论 39
  3.2　五大圈层特征及相互作用 43
  3.3　空间对地观测卫星 50

第四章　月球科学 55
  4.1　月球概况 55
  4.2　月球科学 59

4.3 月球探测的历史 61
4.4 向月球南极进军 63

第五章 行星科学
5.1 行星科学概论 73
5.2 类地行星 86
5.3 气态巨行星 90
5.4 冰巨星 92
5.5 小天体 93

第六章 恒星演化
6.1 恒星及分类 97
6.2 太阳的形成与演化 100
6.3 星系及星系团 107

第七章 天体生物学
7.1 天体生物学的内涵 115
7.2 在太阳系寻找地外生命 120
7.3 关于UFO 122
7.4 未来对地外生命的探索 124

第八章 航天器发射与推进技术
8.1 运载火箭 133
8.2 有代表性的运载火箭 138
8.3 电火箭 142
8.4 太阳帆 144
8.5 核火箭 146

第九章 航天器
9.1 航天器及发展状态 149
9.2 航天器的分类 153
9.3 未来的航天器 161

第十章 载人航天与空间站
10.1 载人航天器的类型 169
10.2 太空行走技术 176

10.3	空间交会对接技术	180
10.4	中国的载人航天事业	184

第十一章　卫星导航技术　189

11.1	卫星导航定位原理	189
11.2	全球定位系统	192
11.3	其他卫星导航系统	196
11.4	北斗卫星导航系统	199
11.5	卫星导航系统应用	200

第十二章　空间探测技术　211

12.1	有效载荷技术	211
12.2	地球空间探测技术	217
12.3	行星探测技术	220
12.4	太阳探测技术	227

第十三章　军事航天技术　235

13.1	现代侦察卫星	236
13.2	信息战技术	239
13.3	太空战技术	243
13.4	新概念太空战武器	247

第十四章　太空灾害及预防　255

14.1	空间碎片及其危害	255
14.2	减轻和避免碎片灾害的措施	258
14.3	小行星撞击灾害	260
14.4	小行星防御措施	264

第一章
空间物理学

1.1 概述

空间物理学着重研究太阳、广阔的行星际空间、地球空间、行星空间以及日球空间的物理过程和变化规律，是一门探测和理论并重的多学科交叉的新兴前沿基础学科，也是当代自然科学领域最活跃的前沿学科之一。

太阳是太阳系空间环境主要的能量源和扰动源，其各种活动过程直接影响系统内各部分的状态。太阳上经常发生的爆发活动会给行星际和行星空间环境带来剧烈的扰动，引发空间天气现象，并对近地航天活动、深空探测以及国家空间安全构成潜在威胁。

等离子体是带电粒子的气体，占太阳系的 99% 以上，如太阳的核心和日冕、太阳风、行星际空间和行星磁层，因此是该学科的自然焦点。电离层是一种由带电粒子组成的气体，是来自太阳紫外线辐射的大气中的粒子电离而产生的。磁层是地球周围的一个空间区域，包含地球磁场，它是由地球外部液体核心的电流产生的，并延伸到它与太阳风（磁层顶）产生的行星际磁场相遇的地方。太阳风是从日冕喷出的带电粒子流。磁层包含范艾伦辐射带，典型的两条带包含从太阳风和电离层捕获的高能带电粒子。

理论预言，太阳风可以影响到距太阳80～150 AU（太阳到地球的平均距离，约1.5亿千米）的空间区域。太阳风控制的区域称为日球层，一般包括日球层顶、日球层鞘和终止激波（图1-1）。太阳风与星际介质间的压力平衡结构被称为日球层顶，构成太阳风和星际等离子体的交界面。超声速的太阳风在接近日球层顶时开始减速，并在其内侧形成一个终止激波。日球层顶与终止激波之间的区域被称为日球层鞘。

研究日球层以及日球层外介质与日球层的相互作用，是当今空间物理学研究的泉眼课题之一。

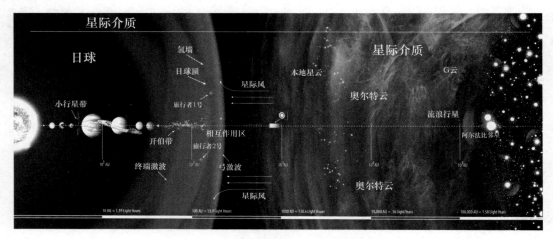

图1-1　日球层物理学涉及的空间范围

空间物理学作为一门学科，内容非常广泛。但从教学的角度看，一门课不可能包含如此多的内容。狭义的空间物理学，主要包括中高层大气物理学、电离层物理学和磁层物理学等方面的内容（图1-2）。而太阳物理学和行星物理学分别作为单独的课程讲授。

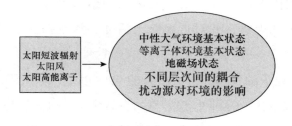

图1-2　空间物理学课程的主要内容

作为一门专业课，空间物理学涉及多方面的基础知识，也就是说，需要先学习一些必要的基础课（图1-3）。

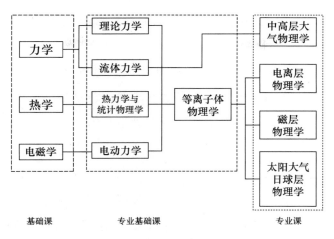

图 1-3 各类课程间的联系

1.2 中高层大气物理学

在中高层大气研究中，人们关注的一个重要方向是太阳活动对其产生的影响。研究集中回答如下几个问题：太阳驱动中高层大气强度与变化如何？太阳过程影响中高层大气的机制与耦合过程是什么？太阳影响中高层大气长期变化的不确定性如何？具体研究内容涉及以下几方面：

1. 中层与高层（平流层、中间层、热层）大气的成分和物理性质，临近空间特征。
2. 臭氧层的分布与变化。
3. 中高层大气光学现象，如气辉、红闪、蓝急流。
4. 大气重力波、大气潮汐。
5. 大气光化学。
6. 中高层大气就位探测与遥感探测技术。

太阳活动影响中高层大气的一个直接途径是通过高能粒子（质子或者电子）注入极区中高层大气实现。太阳高能粒子可通过直接影响平流层臭氧光化学过程来调制极区中高层大气。除高能粒子之外，太阳辐射也可对中高层大气产生显著的影响。太阳辐射的影响包含长期（太阳活动周、太阳自转周）变化与太阳耀斑期间短时变化。太阳耀斑增强的短波紫外辐射对中高层大气加热，导致高层大气密度增加，对卫星的阻力增大。太阳爆发性活动使极区电流系增强，极区大气层受到加热，高层大气风速增强。

中高层大气研究关注的另一个问题是低层大气过程如何影响中高层大气。近年来，研究关注的主要科学问题包括：低层大气激发的波动如何影响中高层大气状态与演化，中高层大气中性成分及等离子体成分动力学与电动力学耦合过程如何，小尺度动力学过程如何影响中高层大气大尺度特征。

未来几年，我国中高层大气物理着重开展中高层大气参数的探测与诊断原理新方法、中层顶和低热层（MLT）区域的大气波动过程及其效应、大气波动对中高层大气能量动量收支和环流影响、中高层大气对电离层-磁层背景大气的影响等研究。

随着高超声速武器的发展，近年来，临近空间的状态引起人们的关注。临近空间（Near space）是指距地面 20～100 km 的空域，包含平流层（18～55 km）、中间层（55～85 km）和小部分热层区域，纵跨非电离层和电离层，其绝大部分成分为均质大气。

临近空间具有下述特点：

1. 天然环境上有鲜明的两面性。
2. 传统飞行器和卫星都不适合飞行。
3. 低温低压、空气稀薄、高辐射。
4. 由于空天科技发展迅猛，临近空间凭借云雨雷电稀少、气流稳定、温度几乎恒定等独有的环境特点，吸引着探索者不断向其进发。

当前临近空间研究的主要科学问题包括：临近空间天气，电磁环境与辐射环境，探查临近空间生物多样性，揭示临近空间关键环境要素的生物效应，提升临近空间开发利用能力等。

近些年，临近空间飞行器得到快速发展，这些飞行器主要包括临近空间浮空飞行器、超高空太阳能无人机、超声速亚轨道飞行器和高超声速飞行器。这些飞行器之所以发展较快，是因为它们有明显的特点：

1. 持续工作时间长，6 个月至 1 年。
2. 覆盖范围广，生存能力强。
3. 高动态临近空间飞行器速度可达十几马赫。
4. 性价比高、机动性好、有效载荷技术难度小、易于更新和维护。
5. 可收到卫星不能监听到的低功率传输信号，容易实现高分辨率对地观测。

临近空间武器（图1-4）也具有明显的优势：

1. 侦察视野、打击覆盖面积远大于传统飞行器，而且隐身能力强，不易被雷达、红外等探测设备发现与识别。

2. 借助风力、大气浮力、太阳能等，临近空间武器能耗更低，自持时间超长，易于长期、不间断地遂行各类任务。

3. 能有效弥补现有远程战略武器平台的不足，便于根据作战需求随时机动调整，实现快速高效部署。

4. 不受轨道力学限制，无需昂贵的地面发射设备。

临近空间武器的发展，也进一步推动了各国对临近空间的探测和研究。

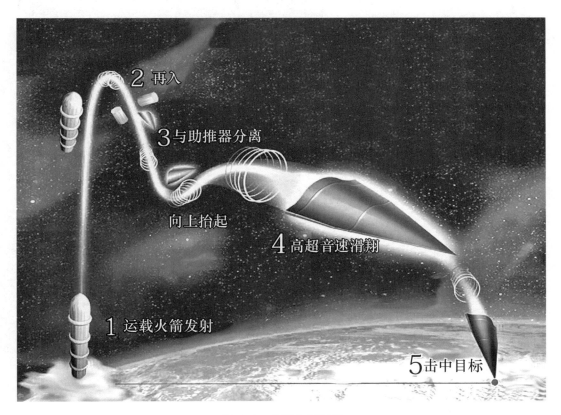

图 1-4　临近空间武器

1.3 中高层大气光学奇观

中高层大气一些光学现象不仅具有欣赏价值，更重要的是在空间探测中有重要应用。这些光学奇观包括绚丽多彩的极光、柔和的气辉、神奇的红闪和蓝急流等（图1-5）。

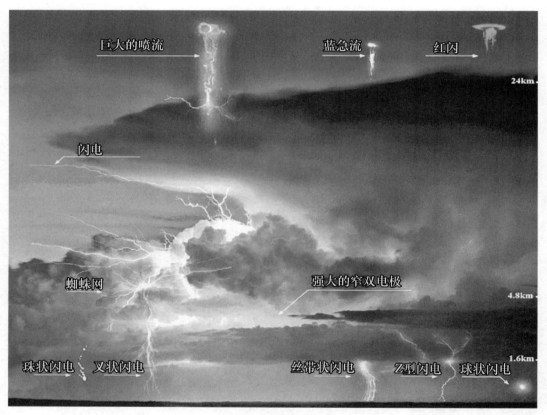

图1-5 大气发光现象

对气辉谱线的测量，是测量高层大气成分和密度的有效方法（图1-6），既可以在夜间测量，也可以在白天测量。

红闪与蓝急流是重要的空间光学现象（图1-7），研究这些现象的形态特征和发生规律对军事侦察和导弹预警有重要意义。红闪与蓝急流的发生伴随着强的电磁脉冲，将影响电离层形态和辐射带的高能粒子分布。

图 1-6 测量气辉可获得的大气参数

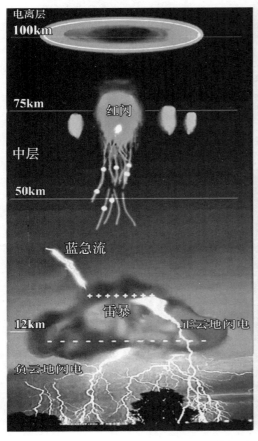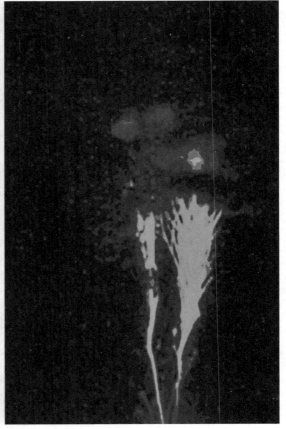

图 1-7 红闪与蓝急流

极光是带电粒子撞击高层大气的分子或原子时激发的绚丽多彩的发光现象（图1-8，图1-9）。由于地磁场的存在，只有在极区或高（磁）纬地区，带电粒子才能运动到较低的高度，与大气分子相撞，产生极光。极光产生的高度范围大致在70～1000 km。

图1-8　多彩的极光

图1-9　从太空看极光

极光的颜色与大气成分、带电粒子的种类以及带电粒子的能量有关。极光的光谱包括可见光、紫外和 X 射线。

研究极光具有重要的意义。极光是日地空间物理现象的屏幕，许多物理过程都可以从极光图形中反映出来。X 射线极光实际上是高能电子沉降的结果（图 1-10）。

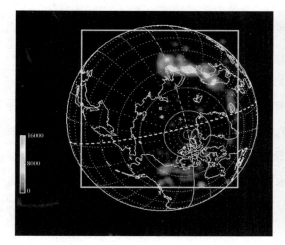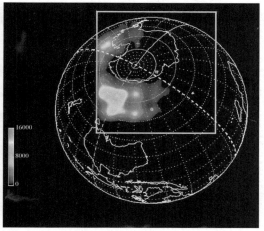

图 1-10　X 射线极光

1.4 等离子体

一、定义

当物质的温度从低到高变化时，物质将逐次经历固体、液体和气体三种状态；当温度进一步升高时，气体中的原子、分子将出现电离状态，形成电子、离子组成的体系，这种由大量带电粒子（有时还有中性粒子）组成的体系就是等离子体。等离子体也称为物质的第四态，宇宙空间可见物质中 99% 是等离子体。

描述等离子体状态的物理量主要有电子数密度、等离子体温度、德拜长度和等离子体振荡频率等。

电子数密度的定义是单位体积中的电子的数量，简称电子密度。

等离子体只有达到热力学平衡时，温度才有意义。处于热力学平衡的等离子体，其速度分布为麦克斯韦分布。按国际规定，温度是由热力学温标定义的，用 T 表示，其单位是"开尔文",用 K 表示。在许多情况下,等离子体温度都采用以能量为单位定义的等离子体动力温度 T,T 与通常定义的温度 T_K 关系是 $T=kT_K$,其中 k 是玻尔兹曼常数,T 的单位是 eV。

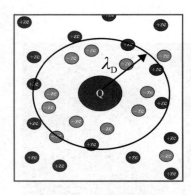

图 1-11 德拜长度 λ_D

在等离子体物理学中,德拜长度 λ_D 是移动电荷载体(如电子)在等离子体和其他导体中屏蔽电场的尺度。换句话说,德拜长度是能够发生显著电荷分离的距离。德拜球是一个半径为德拜长度的体积,其中有一个影响范围,其外的电荷被屏蔽(图1-11)。

就像水中的轻软木会在静止位置上下摆动一样,等离子体中作为一个群体的电子相对于正离子的任何一般位移,都会导致电子作为一个整体在平衡状态下的振荡。对于软木塞来说,恢复力是由重力提供的;在等离子体振荡中,它是由电磁力提供的。这些运动就是等离子体振荡。振荡频率就叫做等离子体振荡频率 w_P。

有了描述等离子体的具体参数后,我们可以给等离子体下一个更科学的定义:

等离子体是由大量正负带电粒子组成的(有时还有中性粒子),空间尺度 $L \gg \lambda_D$ 和时间尺度 $t \gg 1/w_P$,具有准电中性的,在电磁及其他长程力作用下粒子的运动和行为以集体效应为主的体系。典型的等离子体参数如表 1-1。

表 1-1 典型的等离子体参数

等离子体类型	密度(cm^{-3})	温度(eV)	德拜长度(cm)
聚变装置	10^{16}	10^5	10^{-3}
气体放电	10^{14}	1	10^{-4}
电离层	10^6	10^{-1}	10^{-1}
磁层	10	10^3	10^4
太阳大气	10^{14}	1	10^{-4}
太阳日冕	10^6	10^3	10
太阳风	10	10	10^3

二、磁场中等离子体的一些特征

1. 磁场冻结效应

如果等离子体是理想导体，即电导率无限大，则流动的等离子体与磁场"冻结"在一起。当等离子体的平均自由程比磁层的特征长度（德拜长度）大得多时，可以认为磁层等离子体是无碰撞的，即满足磁冻结条件。日冕、太阳大气、太阳风、磁层中，电离层 F 层中的大部分等离子体以及电离层 E 层中的电子都可以看成与磁力线冻结在一起，这是磁层和电离层耦合的基础（图 1-12）。在碰撞较为频繁时，磁冻结条件不满足，此时等离子体与磁场解耦。

图 1-12　磁场冻结效应

2. 带电粒子在地磁场中的三种运动

带电粒子在地磁场中有三种运动形态：回旋、弹跳和漂移（图 1-13）。粒子回旋、弹跳和漂移运动的周期大致在毫秒、秒和小时量级。

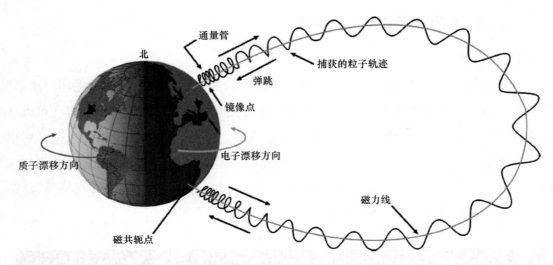

图 1-13 带电粒子在地磁场中

1.5 电离层

电离层是地球大气被电离的部分，高度范围约为 60～1000 km。地球高层大气的分子和原子，在太阳紫外线、X 射线和高能粒子的作用下电离，产生自由电子和正、负离子，形成等离子体区域，即电离层。由于电离层中正、负电荷数大体相等，因此从宏观上呈现中性。

电离层中仍然有相当多的大气分子和原子未被电离，特别是在 500 km 高度以下。电子和离子的运动除部分受地磁场影响之外，还因碰撞而显著地受背景中的中性成分所制约。由于在很大高度上空气稀薄，热容量相当小，故中性成分的温度显著提高。因此，在同一高度范围内，电离部分称为电离层，中性背景则称为热层。

地球大气层被电离的区域，中间没有什么分界线；但为了研究问题方便，通常将 500 km 以下称为电离层，之上称为磁层。

一、电子密度随高度的变化

电离层中离子产生与复合的物理机制是很复杂的。在不同的高度上，每种机制所起的作用也不同。再加上中性气体的密度、风速等物理量随高度变化，因此电子密度随高度的变化呈现复杂的关系。根据长期探测结果，电离层电子密度随高度和太阳活动程度的变化如图1-14。

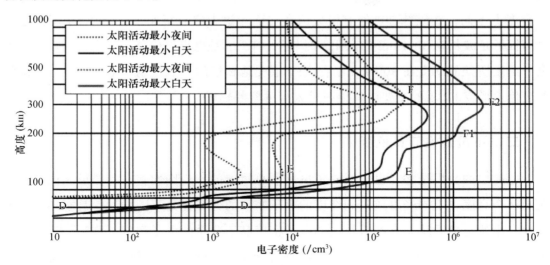

图1-14　电离层电子密度剖面

从图1-14可看出，电离层电子密度随高度的变化是非常显著的。从电离层底部往上，电子密度随高度的增大而增加，达到某一个最大值后，电子密度开始逐渐减小。当然，这个最大值在白天与夜间、太阳活动最大与最小期间是有很大区别的。与大气层温度随高度变化特征对比，一个共同的特点是并不是单调地增加或减小，而是出现复杂的关系。大气层的分层是根据温度变化特性，类似地，我们可以根据电子密度的垂直变化特征，将电离层分成D、E和F三层。

（1）D层。高度范围是60～90 km，电子密度随高度的增加而增大。主要电离源是太阳的紫外辐射和软X射线辐射，主要的正离子成分是NO^+和O_2^+。夜间D层基本消失，只有微弱的银河宇宙线使D层下部维持较低的电子密度。由于高度较低，大气较稠密，电子与中性粒子和离子的碰撞频率较高，无线电波在这一层中的衰减严重。

（2）E层。高度范围是90～160 km，电子密度随高度的增加而增大，密度峰值出现在105～110 km。主要电离源是太阳紫外线和软X射线，主要正离子成分是O_2^+和NO^+。夜间E层的电子密度很低。E层的特点是电子密度随太阳天顶角及太阳黑子数而变化。

（3）F层。高度范围在160 km以上，是电离层中持久存在、电子密度极大所在的层次。F层的主要离子成分是O^+。

一般将 F 层细分成 F1 和 F2 两个层次。F1 层是夏季白天在 F 层下部分裂出来的层次，在春、秋季有时也出现，高度范围 160～180 km。在不同地磁纬度，F1 层电子密度也不同，在磁纬 20°处有极大值，在磁赤道上空有极小值。形成 F1 层的主要电离辐射是波长为 30.4 nm 的太阳紫外辐射。F2 层是电离层中持久存在的层次，最大电子密度所处的高度在 300 km 左右。F2 层受地磁场的强烈控制，电子密度分布随纬度变化。形成 F2 层的主要电离辐射是太阳远紫外辐射。

二、不规则性与日夜变化

电离层的分层结构，已经反映了电离层总体上的不规则性。在每个层之内，甚至在同一个高度，不同经度或不同纬度的电子密度的分布也是不一样的，甚至还存在着各种大小的电离云块。有些云块内的电子密度高于背景的电子密度，称为"等离子体斑"。而另一些云块的电子密度比背景的低，这些云块称为"等离子体泡"。这些大大小小的"斑"和"泡"存在于电离层各层之中，而且不断变化，使得电离层的不规则性变得错综复杂。

电离层不规则性的尺度相差很大，最小的不规则结构只有几厘米，而大的不规则结构可达上千千米。最显著的不规则结构是散见 E 层。散见 E 层是 E 区的密度增加区，经常出现在 90～120 km 高度，厚度 3～5 km，水平尺度几十至上百千米，有沿着磁力线方向伸展的趋势，宽度只有 0.6～2 km。散见 E 层的密度一般大于背景密度的 10 倍。

当无线电波通过电离层中的"斑"和"泡"时，会使信号的强度和相位发生快速起伏，这种现象称为电离层闪烁。用于卫星通信的电磁波要穿过电离层的各个区，因此经常遇到电离层闪烁问题。这就需要探测和研究电离层不规则结构的空间分布和随时间变化的规律，以便对电离层闪烁做出预报。

闪烁现象在赤道地区最严重，在那里，闪烁常在日落后发生，在南北磁纬 15°附近达到最大强度。严重的时候，电子密度可变化 10%。在高纬，强闪烁事件与极光活动情况有关。在中纬，有时会发生弱到中等水平的闪烁。

三、电离层扰动及其对通信系统的影响

电离层的电离源主要是太阳的紫外与 X 射线辐射。太阳的短波辐射是不断变化的，在太阳发生爆发性活动时，例如耀斑和日冕物质抛射，短波辐射在短时间内可以

增加几十到几百倍。由于电离因素急剧增加，导致电离层急剧偏离正常状态。

1. 突然电离层骚扰

太阳耀斑产生的高能电磁辐射暴（紫外线和 X 射线）以光速运动，在离开耀斑位置仅 8 min 就能到达地球，使地球向阳面电离层特别是 D 层中的电子密度突然增大。这种现象称为突然电离层骚扰。当发生这种骚扰时，从甚低频到甚高频的电波传播状态均有急剧变化。例如，由于 D 层电子密度增大，经过 D 层传播的高频无线电波突然受到强烈吸收，常出现短波通信中断，称为短波消失现象（图 1-15）。来自天外的宇宙噪声，由于 D 层吸收突然增加而强度突然减弱，称为宇宙噪声突然吸收。从 D 层反射的长波和超长波信号突然变强，相位也会发生突变，称为突然相位异常现象。接收远处雷电产生的天电干扰的强度也明显增强，称为天电突增，甚高频低电离层散射传播信号也将增强。此外，耀斑期间，E 层和 F 层底部的电子密度也突然增加，可引起短波频率突然偏离现象。

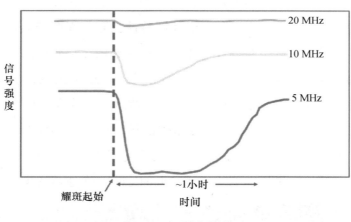

图 1-15　短波衰减

2. 电离层暴

在磁暴（全球性的地磁场强烈扰动）期间电离层受到强烈的扰动，称为电离层暴。

伴随着磁暴的发生，高纬电离层受到强烈扰动，接着中、低纬电离层发生电离层暴，F 区电子密度一般先增加，数小时后开始减小。这种情况可持续 2～3 天，然后逐渐恢复正常。在电离层暴期间，F 区最大电子密度降低，短波高频段信号会穿透电离层而不再反射回来。由于 F 区扰动强烈，正常形态已经打乱，使短波通信适用频率的选择遇到困难。

1.6 磁层

从太阳发出的等离子体流称为太阳风。太阳风从太阳向各方向吹去,当它与地球的磁场相遇时,会与地磁场发生相互作用。地球自身的磁场使得地球在太阳风中形成一个"空腔",太阳风的等离子体不能轻易地进入这个空腔内,这个空间范围称作地球的磁层。

一、磁层的结构

图 1-16 给出了地球磁层的基本结构。磁鞘在磁层顶的外面,在这个区域内,虽然主要物质来自太阳,但不是典型的太阳风,那里的等离子体平均流速要比行星际空间的等离子体流速小,流动方向偏离日地连线 20° 以上。在太阳风和磁层之间薄薄的边界层称为磁层顶。在磁层顶内,等离子体的特性从磁鞘逐渐变成磁层。这个等离子体边界层在磁尾的延伸区域也叫等离子体幔,在低纬地区也叫低纬边界层。极尖区是边界层沿开放的磁力线深入的一个漏斗状的区域。在这个区域,由于磁力线的开放性,磁鞘的等离子体可以直接进入磁层内部,因此这个区域也非常重要。

在地球的白昼一侧,太阳风压缩地球的磁场,磁层顶通常位于距地球中心 6.4 万千米的地方。不过这一距离随太阳风压力的变化而变化。当太阳风的压力增大时,白昼一侧的磁层顶被太阳风压缩到离地球较近的地方。在地球的夜晚一侧,太阳风拉

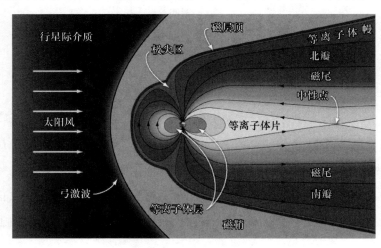

图 1-16 磁层的基本结构

伸地球的磁场，使其形成一条长的尾巴，像彗星的尾巴一样拖在地球的后面，称为磁尾。磁尾在地球后面绵延百万千米以上，远远越出了月球的轨道。

二、太阳风是怎样影响磁层的

事实上，磁层的基本形态是太阳风与地磁场相互作用共同决定的。太阳风与我们日常所感受到的风不同，前者是由中性气体组成，而后者是由等离子体组成，主要包括电子、质子和一些重离子。除了成分上的差别外，太阳风还携带着从太阳出发时所具有的磁场，这个磁场专门有一个名称，叫做行星际磁场（Interplanetary magnetic field，缩写为IMF）。这样，太阳风与地磁场相互作用就十分复杂了。

既然都是风，那就有共同的特性，也就是对阻挡的物体施加一个压力。这点我们在日常生活中是有切身体会的。如果风力在5级以上，顶风骑自行车就很困难。风对阻挡物的压力一般与密度和风的大小有关，但太阳风的压力包含两部分：一是动力压强，这与中性风一样，与密度和风速有关；另一个是磁压，这是因为太阳风携带着行星际磁场，这点与中性风是不同的。太阳风对磁层的影响不仅取决于这两种压力的大小，还与行星际磁场的方向有关。在向阳面磁层顶，如果行星际磁场的方向与地磁场方向反平行，即行星际磁场含有较大的南向分量，则太阳风对磁层的影响就会很大，否则会小一些。

三、磁暴

磁暴是全球范围内地磁场的剧烈扰动，扰动持续时间在十几小时到几十小时之间。

地磁场的扰动是由撞击地球的太阳风起伏引起的。扰动一般限于高纬极区，但在行星际磁场具有长期（几小时或更长）的南向分量且具有较大的幅度（大于10～15 nT）时，磁层连续受到压力，磁场扰动达到赤道区域。赤道磁场偏离正常值的程度，即磁暴大小的测量，通常用Dst指数表示，它是在中、低纬台站测量地磁场水平分量的小时平均偏离值。Dst=0 表示静日，Dst＜−100 nT 表示大磁暴，−100 nT＜Dst＜−50 nT 表示中等暴，−50 nT＜Dst＜−30 nT 为弱暴。在1989年3月的大磁暴期间，Dst达到约−600 nT。图1-17 给出一个典型的磁暴期间 Dst 指数变化情况；图的底部是相应时段内磁层中性粒子成像，浅色色标表示带电粒子浓度最大。

有些磁暴具有27天的重现性，伴随着源于日冕洞的高速太阳风流，这些磁暴是中等的。严重的磁暴是非重现的，且难以预报。

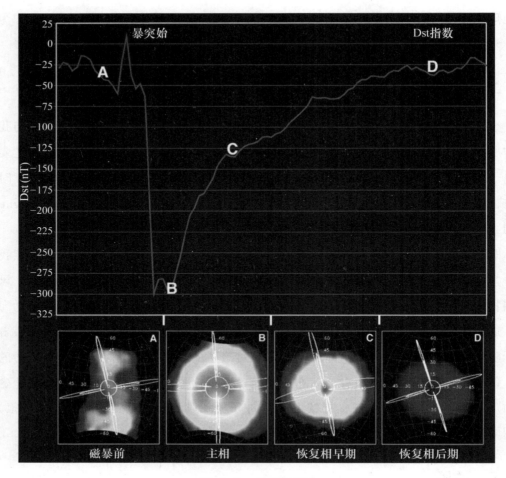

图 1-17 典型的磁暴

四、辐射带

地磁场将高能带电粒子约束在地球空间确定的区域内，形成高能带电粒子比较集中的区域，称为辐射带。根据多颗卫星的探测结果，发现高能带电粒子集中在两个区域，分别称为内辐射带和外辐射带，如图 1-18 所示。内辐射带高度距离地球表面 200～12 000 km，范围限于磁纬度 ±40°，东西半球不对称，两半球都向赤道方面凸出。带内含有能量超过 100 MeV 的质子和能量为几百 keV 的电子。内辐射带相对稳定，但也随着太阳活动有 11 年周期的变化。内辐射带质子主要来源于高能宇宙线的作用。宇宙线的质子与大气的原子相碰撞，产生了向周围运动的中子，其中一些中子到达磁层，在那里衰变成质子。外辐射带的高度在距离地球表面 3～4 个地球半径之间，范围可延伸到磁纬度 50°～60°。外带主要含有能量为 0.1～10 MeV 的电子。外辐射带的粒子被认为来源于地球磁层内部的活动过程，如磁暴和亚暴的离子注入。但其加速增能的机制目前还不完全清楚。由于外辐射带受太阳活动和地磁活动的影响，因此外辐射带比内辐射带更不稳定，更容易变化，差别可达到 100 倍。

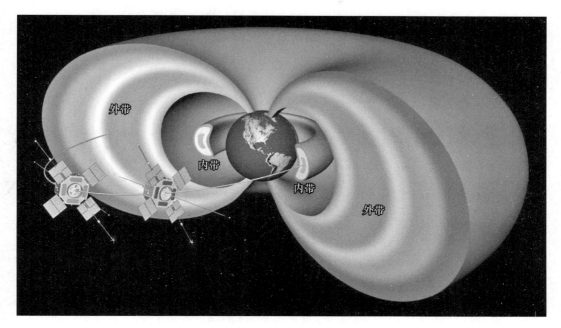

图 1-18　辐射带示意图

第二章 空间天气学

2.1 传统天气的特点

大家对日常生活中的天气现象是熟悉的,所以我们在讨论空间天气之前,先看看这些天气现象有什么特征,以便将传统的天气现象与空间天气作对比。

传统"天气"的定义是:瞬时或较短时间内风、云、降水、温度、气压等气象要素综合显示的大气状态。日常所讲的天气,是指发生在对流层内,影响人类生活、生产的中性大气物理状态,例如阴、晴、雨、雪、冷、暖、干、湿等。

仔细地分析,这个定义包含三方面的内容:一是时间尺度,天气是发生在瞬时或短时间内的现象,若时间太长,那就不是天气现象,而是气候现象;二是空间范围,明确指出是在对流层内,也就是紧挨地球表面的低层大气内;三是提到了描述天气现象的主要参数。后面在分析空间天气的定义时,我们也会考虑到这几点。

人们常用"风和日丽"这个词描述令人舒适的天气,因为在这样的天气里,和风拂面,阳光明媚,温度适中,人的感觉非常舒服。但对于研究天气的人来说,更关心普通人所讨厌的天气,即灾害性天气,因为研究人员的目的是预报这些天气,尽量减少这类天气对人类社会带来的不利影响。所以,下面我们介绍几种典型的灾害性天气。

风是空气相对于地面的运动，气象上常指空气的水平运动。风既有大小，又有方向，因此，风的观测中包括风向和风速两项。风速是单位时间内空气在水平方向的位移，单位常以 m/s 或 km/h 表示，也可用风级来表示。风级是根据风对地面物体影响程度而定出的等级，常分 13 个级别，即 0～12 级。

0 级风又叫无风；1 级风叫软风；2 级风叫轻风，树叶微有声响，人面感觉有风；3 级风叫微风，旌旗展开；4 级风叫和风，树的小枝摇动，能吹起地面灰尘和纸张；5 级风叫清风，小树摇摆；6 级风叫强风，大树枝摇动，电线有呼呼声，打雨伞行走有困难；7 级风叫劲风，步行困难；8 级风叫大风，树的细枝可折断，人迎风行走阻力甚大；9 级风称烈风，小损房屋；10 级风叫狂风，陆地少见，可拔起树木，建筑物损害较重；11 级风叫暴风，损毁重大；12 级及以上的风叫飓风，摧毁力极大，陆地少见。

其实，在自然界中风力有时是会超过 12 级的。像强台风中心的风力，或龙卷风的风力，都可能比 12 级大得多，只是 12 级以上的大风比较少见。

台风级别划分如下：

超强台风（SuperTY）：底层中心附近最大平均风速大于 51.0 m/s，即 16 级或以上。

强台风（STY）：底层中心附近最大平均风速 41.5～50.9 m/s，即 14～15 级。

台风（TY）：底层中心附近最大平均风速 32.7～41.4 m/s，即 12～13 级。

强热带风暴（STS）：底层中心附近最大平均风速 24.5～32.6 m/s，即风力 10～11 级。

习惯上将发生在大西洋、墨西哥湾、加勒比海和北太平洋东部的热带气旋称为飓风（Hurricane）。图 2-1 给出 2013 年的最大飓风"海燕"。

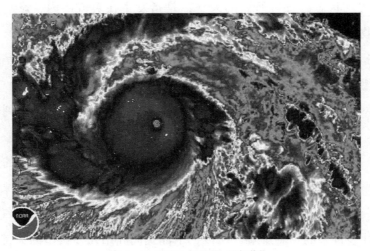

图 2-1　2013 年飓风"海燕"

暴雨（Torrential rain）是降水强度很大的雨。一般指每小时降水量 16 mm 以上，或连续 12 小时降水量 30 mm 以上，或连续 24 小时降水量 50 mm 以上的降雨。

按其降水强度大小暴雨又分为三个等级，即 24 小时降水量为 50～99.9 mm 称暴雨；100～250 mm 为大暴雨；250 mm 以上称特大暴雨。

雷暴是由发展旺盛的积雨云引起的闪电和雷鸣现象。在水蒸气激烈上升形成的积雨云中，凝结有巨大数量的小水滴和冰晶，它们之间的高速碰撞使云体带上电荷。

雷暴的能量很大，千分之几到十分之几秒的雷电放出的电能，可达数十亿到上千亿瓦特，温度为 1 万～2 万℃。

雷暴是一种严重的灾害性天气，具有极强的破坏性和杀伤力，直接威胁着人们的生命和财产安全。

2.2 空间天气的特点

如果没有潜艇，人类不会感受到深海海底的暗流；如果没有飞机，人类不会感受到 10 km 高度上的天气。现代技术的发展，急速扩大了人类的活动范围，同时也使人们认识到有更多的自然因素对人类会产生影响。在人类漫长的发展历程中，过去从来没有感受到或者很少感受到的一些影响现在逐渐凸显出来，例如空间天气。

近 50 年来，随着卫星和飞船不断进入太空，人类日常生活对卫星等空间技术系统的依赖不断增加，人们逐渐认识到地球除了固体、海洋和大气环境外，还有与人类的生存发展息息相关的空间环境。如同大气中会存在千变万化的天气过程并与人类的生存发展息息相关一样，空间中也存在所谓的"空间天气"（Space weather）。研究空间天气的学科称为空间天气学。

空间天气是指瞬时或短时间内太阳表面、太阳风、磁层、电离层和热层的状态。它们的状态可影响空间和地面技术系统的性能和可靠性，危及人类的生命和健康。恶劣的空间天气可引起卫星运行、通信、导航以及电站输送网络的崩溃，造成各方面的社会经济损失。

对空间天气定义的说明如下：

1. 空间范围：地球表面直至太阳表面。

2. 时间尺度：瞬时至一个月。

3. 主要参数：上述空间天气要素。

重要的空间天气要素如图 2-2 所示，其中一些空间天气要素可以和传统天气要素类比，如表 2-1 所示。

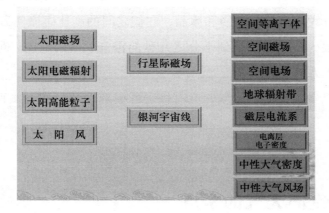

图 2-2 重要的空间天气要素

表 2-1 两类天气要素对比

天气要素	空间天气要素
飓风、台风、龙卷风	高速太阳风、中性风
雷暴、闪电	电磁场和电流、极光
高温、严寒	等离子体温度变化
暴雨、暴风雪	高能带电粒子雨
雾霾	太空碎片

这些空间天气要素大多具有如下特点：

1. 有周期性的变化，也有无规律的迅速变化。

2. 太阳活动是这些要素变化的主要源头。

这些要素的变化对人类的许多技术系统、军事活动、生产活动和日常生活都有显著的影响。

太阳活动主要通过电磁辐射、高能带电粒子和太阳风三种途径影响空间天气。其中，电磁辐射传播速度最快（光速），大约在爆发活动 8 min 后到达地球；高能带电粒子其次，大概在十几分钟至几小时后到达地球；太阳风最慢，在 2 天左右到达地球。

来自太阳的扰动到达地球后，将会分别引起等离子体、高层大气、地磁场和空间电流中的几种响应，形成复杂的空间天气现象（图 2-3）。

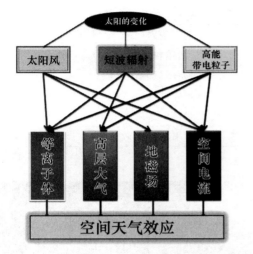

图 2-3　太阳活动影响空间天气要素的三个途径

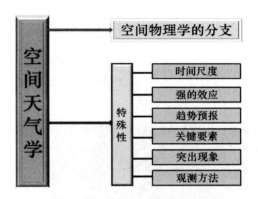

图 2-4　空间天气学的特殊性

从研究的物理学参数以及研究方法来看，我们可以说空间天气学是空间物理学的一个分支，但空间天气学的确有自己的许多特点，图 2-4 比较具体地描述了空间天气学的主要特点。空间物理学的许多参数是随时间变化的，比如中高层大气的密度、温度和风场，电离层中的电子密度和离子密度。空间天气所关注的是这些物理量在瞬时或几天时间尺度内的变化，而且这种变化会对在轨航天器以及人类的技术系统产生明显的影响。更重要的是，我们要预报这些参数变化的趋势。

重要的空间天气现象包括：太阳耀斑、日冕物质抛射、太阳质子事件、高速太阳风、太阳射电暴、磁暴、亚暴、电离层暴、电离层突然骚扰、电离层闪烁、电离层吸收、高能电子暴以及高层大气风切变等。

2.3　空间天气效应

空间天气学与日常天气学研究的一个重要差别是空间天气效应，即一旦发生灾害性空间天气，将对人类社会和空间技术系统产生什么影响，这也是空间天气学研究的最重要内容之一。典型的空间天气效应名称如表2-2所示，其发生位置如图2-5所示，空间天气对卫星运行可能造成的影响如图2-6所示。

表 2-2 典型的空间天气效应

卫星通信效应	空间辐射效应
短波通信效应	空间单粒子效应
地磁扰动效应	空间原子氧剥蚀效应
电波折射效应	空间碎片撞击效应
航天器充放电效应	磁暴对输电系统的效应
航天器轨道衰变效应	对军事活动的效应

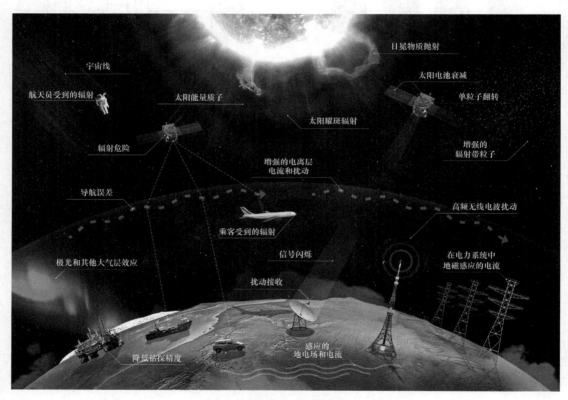

图 2-5 典型的空间天气效应

一、空间天气与卫星运行

（1）卫星表面充电：在航天器暴露的外表面上的电荷积累称为航天器表面充电。严重的表面充电发生在地磁亚暴期间，在这种环境中，等离子体粒子的能量范围是

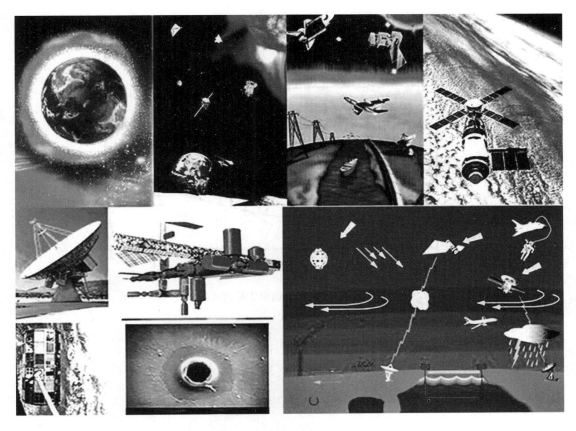

图2-6 空间天气与卫星运行

1～50 keV（图2-7）。航天器表面充电的基本物理过程是电流平衡，即在平衡状态，所有电流的代数和为0。在这种状态下，航天器的电位就是航天器与周围等离子体之间的电位差。表面充电效应主要是表面击穿放电，发生在边缘、尖状物、接缝、裂缝及缺陷处。这些地方会增强电场，导致放电发生。

（2）卫星内部充电（图2-8）：内部充电是由能量范围在0.1～10 MeV的高能电子引起的，它们穿透航天器的屏蔽层，沉积在电介质内。当电荷的积累率高于电荷的泄漏率时，这些电荷产生的电场就有可能超过介质的击穿阈值，产生静电放电（ESD），从而造成航天器某些部件的损坏，最终导致航天器完全失效，带来巨大的经济损失和社会影响。严重的内部充电可产生多种效应：如整个卫星完全失效、部分器件失效、探测仪器性能降低、出现伪指令等。内部充电程度随高度和倾角的变化如图2-8。内部充电是地球同步轨道通信卫星和中低纬中高度卫星面临的最大威胁。

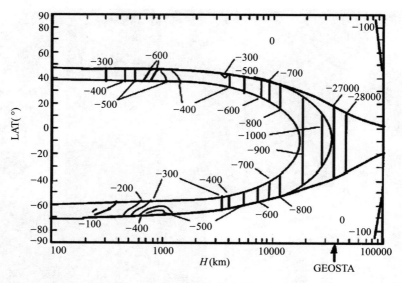

图 2-7 实测的表面电位等值线图

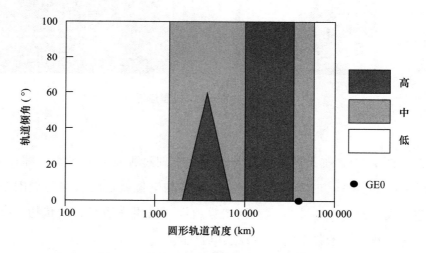

图 2-8 内部充电程度随高度和倾角的变化

（3）单粒子翻转效应：随着卫星上用到的集成电路越来越多，集成度越来越高，一个高能带电粒子就可以造成卫星操作异常，这种事件叫做单粒子事件。单粒子事件是由单个的高能质子或重离子引起的微电子器件状态改变，造成航天器异常或故障。当控制系统的逻辑混乱时，甚至能造成灾难性后果。单粒子事件又分为单粒子翻转、单粒子锁定、单粒子烧毁和单粒子门击穿等事件。

（4）卫星轨道衰减（图2-9）：波长短于200 nm的太阳紫外辐射几乎完全被地球高层大气吸收，引起高层大气加热。在340 km高度，太阳紫外辐射11年变化引起的大气密度变化约一个量级；而在500 km高度则达近50倍。如对400 km轨道高度，太阳活动谷年时卫星寿命大于4年；而在峰年时，其寿命不到7个月，相差近一个量级。磁暴期间卫星轨道高度衰减的过程如图2-9。

图2-9　磁暴期间卫星轨道衰减过程

（5）太阳电池性能衰减：空间辐射的主要效应是辐射损伤，即材料因辐射撞击而受到伤害，材料的分子结构产生缺陷。这种作用主要通过以下两个作用方式：一是电离作用，另一种是原子的位移作用。高能质子和重离子既能产生电离作用，又能产生位移作用。这些作用导致航天器上的各种材料、电子器件等的性质变差，严重时会损坏。

二、空间天气与通信

空间天气对无线电通信的效应是非常明显的，影响的途径是太阳风暴直接影响电离层状态，电离层状态发生变化后，影响电磁波的反射和折射，产生吸收和闪烁。当强烈的太阳耀斑发生时，X射线和紫外谱段的辐射强度在短时间内大大增加，X射线甚至可以增加好几个数量级。从太阳耀斑开始发生，在不到10 min之内射线到达地球轨道，使电离层D层内电子密度剧增，短波无线电信号衰减，乃至通信中断（图2-10）。

未来，空间天气学领域中需要格外引起重视的问题是建模和预报。当前空间天气预报的水平与实际需求还有较大差距，预报的水平相当于气象预报在二十世纪六七十年代的水平。借鉴气象预报发展历史，要从根本上提高空间天气预报的水平，一方面

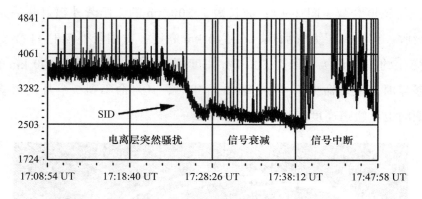

图 2-10　电离层突然骚扰

要大力开展空间探测，针对日地空间的关键区域和空间天气连锁变化过程进行监测；另一方面要进行理论研究，建立相关的空间天气预报方法和模式。

2.4 典型的空间天气事件

2003 年 10 月，太阳爆发了一系列耀斑（图 2-11）和日冕物质抛射（图 2-12），地球空间发生了多次大磁暴，给人类的高技术系统带来巨大危害。现在，这次系列空间天气现象被称为"十月风暴"。接下来，让我们看看这次空间天气事件对社会带来了哪些影响。

在十月风暴期间，一系列卫星受到影响，出现操作异常：

● "星尘"号飞船是到怀尔德 2 号彗核附近取样的飞船，在十月风暴期间，因读出误差而进入安全模式。

● 欧洲航天局发射的月球探测卫星"智慧 1 号"因在月球轨道上遇到高辐射而关闭发动机。共关闭了三次，后来决定在轨道低于 10 000 km 时不点燃发动机。

● 美国火星车"机遇号"和"勇气号"的恒星跟踪器接收到过量信号，进入"太阳闲置"模式，直到风暴过后才复原。

● 微波各向异性探测器（MAP）是探测微波背景辐射的，在太阳风暴期间，其恒星跟踪器复位，备份跟踪器自动启动。

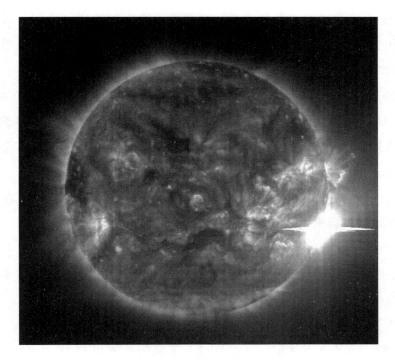

图 2-11 超级大耀斑

图 2-12 伴随大耀斑的日冕物质抛射（CME）

- 欧洲航天局发射的"火星快车"探测器不得不用陀螺仪稳定，因为太阳耀斑使得它不能用恒星作为参考点导航。辐射暴使恒星跟踪器失效15个小时。耀斑也延迟了原计划的对猎兔犬2号着陆器进行程序检验。
- 在2003年10月24日的强CME后，日本航空航天探索局（JAXA）与高级地球观测卫星（ADEOS-2）失去了联系。ADEOS-2是2002年12月发射的，用于收集全球变暖和气候变化现象的数据，价值6.4亿美元，设计寿命3年。搭载有NASA的海风（SeaWinds）探测仪器，该仪器价值1.38亿美元。
- 高级成分探索者（ACE）在十月风暴期间低能磁质谱仪受损，在几个能谱通道噪声异常增加，且后来也没有恢复。
- 数据中继与试验卫星（DRTS）在强辐射暴期间，于10月29日早晨进入安全模式。DRTS是日本的地球同步轨道通信卫星，用于中继低地球轨道卫星（包括国际空间站）和地面站的数据。
- TOKYO是日本的试验通信卫星，在10月28日大耀斑后受损。
- 宇宙热星际等离子体谱仪（CHIPS）卫星的计算机在10月29日离线，地面与卫星的联系中断18小时。
- 美国国家海洋和大气管理局（NOAA）国防气象卫星DMSP F16，在10月28日和11月3日，传感器两次丢失数据，微波探测器的振荡器失效，转换为备份系统。
- GOES-9、10和12是美国NOAA的地球同步轨道环境卫星，在十月风暴期间，用于姿态控制的磁力矩工作不稳定。
- 国际移动卫星组织（Inmarsat）由9颗卫星组成的地球同步轨道卫星群中，2颗卫星的动量轮速度增加，要求发动机点火；1颗卫星的动量轮停止运行。
- TV卫星在穿越磁层顶时，高度控制系统出现问题，不得不采取手动控制方式。
- 美国的国防卫星在高度感兴趣的区域失去联系达29小时。
- Aqua，Landsat，Terra，TOMS，TRMM都是NASA的地球观测系统卫星，在10月29日都关闭了仪器或进入安全模式。
- 空间红外望远镜"斯皮特"的轨道是在地球后面漂移的轨道。在10月28日，因高质子通量而关闭了科学仪器，4天没有进行科学观测。
- 位于第二拉格朗日点、专门用于观测太阳的SOHO飞船，在10月28日至30日期间，日冕诊断谱仪（CDS）进入安全模式。
- 美国的高层大气观测与研究卫星（UARS），因太阳活动而延迟开通仪器。

十月风暴小统计：

● 在十月风暴期间（10月下旬到11月4日），总共观测到17次大耀斑（R2-R5）。这些耀斑和伴随的某些太阳活动是有记录以来最大的。如11月4日的耀斑使GOES卫星上的X射线探测器饱和达12分钟，估计耀斑指数为X28，无线电中断指数为R5。这个事件也许是GOES卫星X射线探测器自1975年开始测量以来最大的耀斑（图2-13）。

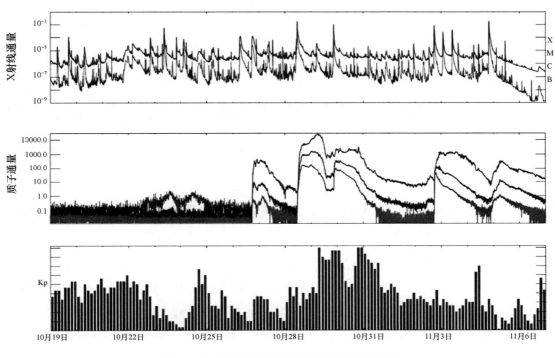

图2-13 十月风暴期间的综合空间天气要素

● 太阳活动产生了有记录以来最强的地球物理事件，包括第23活动周第二大磁暴（S4）。这次磁暴是自1976年以来第四大磁暴。

● 产生了2次磁暴的CME在日地间传输大约19小时，平均速度接近每小时5百万英里。这可能是自1972年发现CME以来最快的传输速度。由CME产生的磁暴排在自1972年以来30个大磁暴的第6和第15位。

● 第一次出现这样的太阳活动周，3个大的黑子活动区在同一时间出现在太阳朝向地球一面。最大的活动区486等效于13个地球大小，是这个太阳活动周最大的黑子群，也是自1990年11月以来最大的黑子群。

- 这次活动发生在本次太阳活动峰月（2000年4月）以后的3.5年。
- 几颗卫星和深空探测器的仪器根据预报而进入安全模式。
- 在10月28日至30日的辐射暴期间，国际空间站上的航天员进入增加了屏蔽的服务舱。至少13个核电站采取了预防措施，以减轻磁暴期间地磁感应电流的影响。
- 美国联邦航空局（FAA）第一次发布公告，建议飞行员在南北纬35°以上飞行时飞行高度降低，以降低10月28日开始的严重辐射暴的影响。
- 在10月底，美国大气与海洋管理局的空间环境中心（SEC）网站的点击量从平均每天50万增加到每天3百万。在10月29日，点击量增加到1千9百万。

2.5 美国新空间天气战略实施方案及对我国的启示

2015年，美国公布的《国家空间天气战略实施方案和行动计划（2023）》（National Space Weather Strategy and Action Plan 2023）为整个政府应对空间天气的方法奠定了基础，将这一问题提升到整个联邦政府。计划加强研究和开发，提高业务能力，加强与商业部门、学术界和国际社会的伙伴关系。在此基础上，空间天气业务、研究和减缓（SWORM）小组委员会于2019年制定了经修订的《国家空间天气战略和行动计划》，根据三个主要目标协调了正在进行和未来的空间天气活动：加强对国家安全、国土安全与商业资产和业务的保护，以应对空间天气的影响；发展和传播准确、及时的空间天气特征和预报；建立应对从空间天气事件中恢复的计划和程序。《国家空间天气战略实施方案和行动计划实施计划（2023）》（the Implementation Plan of National Space Weather Strategy and Action Plan 2023）纳入了这些活动的进展情况，并作为协调机构间的路线图。这个实施计划确定了未来5年实施2019年美国国家空间天气战略和行动计划的行动，旨在为政策制定过程提供信息。通过这项工作，美国政府将进一步保护国家安全资产、关键基础设施和太空行动，同时促进美国商业太空和地面活动的增长。

目标一：加强对国家安全、国土安全以及商业资产和业务的保护，以抵御空间天气的影响。

这个目标又细致划分为8个具体目标。

1. 完善空间天气基准，为评估空间天气事件的强度提供定量基线。具体内容涉及：审查"下一步空间天气基准"报告，以确定是否有必要更新已发布的第一阶段空间天气基准，以涵盖五种基准空间天气现象中的任何一种；制定一项计划，以解决五种空间天气基准的现有差距；制定和发布更多严格的空间天气基准。

2. 评估优先关键基础设施系统和国家安全资产对空间天气影响的脆弱性，并利用评估结果为风险管理提供信息。

3. 模拟空间天气对空间、空中和地面国家关键功能以及相关优先关键基础设施和国家安全系统、资产和网络的影响。

4. 识别和评估频繁和极端空间天气事件对作战和任务的影响。

5. 评估空间天气对关键任务运行和实施的影响。制订初步分析计划，以估计在极端和低强度空间天气事件中实施关键任务的成本。

6. 确定并优先考虑必要的研发，以增强关键功能和国家安全资产对空间天气影响的安全性和弹性。确定新的系统设计、技术和设备，使系统能够承受空间天气的影响。制订计划促进研发，以实现最佳系统、设计、技术和设备的原型。

7. 测试、评估和部署技术和设备，以减轻空间天气对关键功能和资产的影响。

8. 支持制定和使用标准，以提高设备对空间天气事件的恢复能力。

目标二：发展和传播准确、及时的空间天气特征。这对于包括关键基础设施所有者和运营商、国防部和私营部门卫星所有者和运营商在内的各种利益相关者的规划、执行和决策至关重要。改进对空间天气事件的理解、观测、预报和模型可以提高空间天气产品和服务的质量和及时性，并有助于支持安全、稳定、可持续的空间活动。

1. 确定基准地基、海基、空基和天基作战观测能力。更新空间和地面观测基线，以满足空间天气预报要求；制订部署新的空间气象观测资产的计划，以提供基线中规定的所需观测能力。

2. 确保基线运行空间气象观测平台、能力和网络。

3. 支持和协调太阳物理学和地球空间科学基础研究的机会。

4. 识别、开发和测试创新方法，以实现增强的、信息更丰富的、可靠的、成本效益更高的测量。

5. 加强目前的空间天气模型，发展改进的空间天气建模技术。

6. 确定并优先考虑必要的研发（R&D），以增强国家安全资产和关键功能应对空间天气变化的安全性和弹性。

7. 提高空间天气事件通知的有效性。

8. 与国际合作伙伴合作，确保在极端事件期间，空间天气产品和服务在全球范围内得到协调和一致。

9. 发展和完善态势感知能力。与学术界、私营部门和国际伙伴协调，发展和/或改进实时评估商业飞行高度及以上辐射水平的模式，以支持航空和空间探索工业。调查现有资源，提供跨无线电频谱电离层状况的实时监测，并制订一个强大的实时同化环境规范模型计划，使其支持电离层变率的临近预报。

目标三：建立响应和恢复空间天气事件的计划和程序，对极端空间天气事件的快速响应和恢复能力需要协调一致的努力和既定的计划和程序。进行测试和验证这些计划和策略的练习允许相关的利益相关者实践和改进它们。提高对空间天气影响下关键系统和资产脆弱性的理解（目标一），以及提供更及时、更准确的服务和产品的强大预测能力（目标二），以便为联邦、州和地方政府，私营部门和其他部门应对空间天气事件提供信息。

1. 制订、审查和更新联邦应对计划、项目和程序，以应对太空天气的影响。将极端空间天气威胁和脆弱性的最新数据纳入国家风险评估文件；为即将到来的极端空间天气事件完善战略信息和通信，以确保政府做好准备并进行有效沟通，最大限度地减少错误信息。

2. 开发和传播关于空间天气影响的产品和信息，支持协调响应和恢复工作。

3. 促进信息共享，为受空间天气影响风险最大的关键基础设施的运行和恢复提供信息并加强。

4. 评估在空间天气事件发生之前、期间和之后，有关指导、暂停或控制关键基础设施运行、功能和服务的能力的行政和法定权力。

5. 针对太空天气事件演练政府响应、恢复和行动计划以及程序。

从前面的介绍中我们可以看出，美国新版空间天气战略规划与旧版有所不同，最突出的一点是强调了空间天气研究的重要性。所有航天器都会受到空间天气的影响。空间天气研究绝不仅仅是科学问题，而是与国家安全、国土安全以及商业资产和业务的保护都有着直接的关系，因此，要求联邦政府重视空间天气研究，重视预防灾害性空间天气。

一个重要的规划，不是制订了就可以。执行得怎样、在执行过程中遇到哪些问题、需要补充哪些内容，应及时检查，发现问题，制定新的措施。

从我国目前的实际情况看，虽然国家空间天气计划已颁布多年，但民众对空间天气的了解还很缺乏，有些部门对空间天气研究并不重视。回顾海湾战争以来的多场局部战争，现代战争呈现出远距离精确打击、信息战和太空战三大特点。这些新战争形式都要求做好空间天气保障。因此，加强空间天气研究，不断提高我国空间天气学研究的水平，对未来的国家安全具有重要意义。

第三章 空间地球科学

3.1 空间地球科学概论

一、空间地球科学研究的对象

空间地球科学是指依靠空间对地观测技术，对地球大气、海洋、冰雪、生态及岩石五大圈层中发生的主要变化及相互作用过程进行全面监测，深入认识地球五大圈层相互作用的机制和演化规律，结合地基和其他观测资料，分析研究并确定全球变化的不同侧面和反映，研究全球变化的自然因素和人为活动的影响，全面了解地球系统的演化规律的学科。

20世纪80年代中期，《地球系统科学》一书在美国出版，定义了地球系统科学的目标和任务。

1991年，美国国家航空航天局（NASA）开始实施地球使命计划和相应的地球观测卫星系统计划（EOS，图3-1），提出了一批先进的对地观测载荷项目，这也是最成功的地球科学卫星计划。1998年，欧洲航天局（ESA）正式发起了活力星球计划，促进了空间地球科学的发展。通过地球系统大气、冰雪、地壳、重力、地表生态、海洋环境、风场等要素的空间观测，加深对地球现状的认识，理解全球变化背景下地球系统及其变化规律。20世纪90年代，地球系统科学联盟组织了世界气候研究计划、国际地圈生物圈计划、全球环境变化人文因素计划和生物多样性计划。2001年又设立了4项联合计划：全球碳计划、全球水系统计划、全球环境变化与食物系统计划、全球环境变化与人类健康计划。2005年成立的国际地球观测组织制订了全球综合观测系统十年执行计划。联合国公布了"联合国2021—2030年生态系统恢复"十年计划和宣言。

空间地球科学的主要特征表现在以下几方面：它是为应对人类面临的根本生存环境危机——全球变化的严峻挑战而兴起的，反映了现代人类对人-自然界关系的哲学理念。空间地球科学是一个巨大的、复杂的开放系统，发展过程中要应对许多挑战。空间技术和超大型计算机的发展，为空间地球科学发展创造了条件。

二、前沿科学问题

地球系统科学的前沿问题包括：

1. 地球系统如何变化。
2. 地球系统变化的主要原因是什么：人类活动影响及自然变化因素的权重。
3. 地球系统未来如何变化。
4. 地球系统科学如何提高对全球变化的适应过程。

为解决这些前沿问题，人们提出了7个具体的科学目标：

1. 增强对地球辐射平衡、空气质量和臭氧层变化的了解。
2. 提高预报天气和极端天气事件的能力。
3. 探测和预报地球生物圈和生物化学循环的能力，包括陆地覆盖、生物多样性和全球碳循环。
4. 更好地评估和管理水质量和数量，准确地预报全球水循环因气候变化而发生的变化。
5. 通过深入了解海洋、大气、陆地和冰雪之间的相互作用，提高气候预报的能力。
6. 表征地球表面和内部的动力学，提高抵御自然灾害和极端事件的能力。
7. 进一步利用地球系统科学的研究成果，服务于社会。

三、研究方法和手段

目前，研究地球系统科学主要依靠空间对地观测技术，对地球五大圈层进行全面监测，获得大量实时的数据；结合地基和其他观测技术，深入分析和研究全球变化的各个侧面和细节；对观测数据进行分析和解释，从物理、化学和生物学的规律出发，建立有关地球过程的定量关系；在观测和研究的基础上，建立物理模型、数值模型和验证模型，并用于对未来的变化趋势进行统计预测和预报。NASA 的对地观测卫星如图 3-1。

图 3-1　NASA 的空间对地观测卫星

未来，人们会更加关注地球系统中的关键循环过程及系统性，以地球科学发展前沿和国家重大需求牵引，提高传统的天气、水文、生态等的预报能力，明确科学目标下的卫星观测与模型有机结合。当前，卫星观测和地球系统的科学发展已成为一个相互促进的有机体。

四、全球气候变化

正在发生的全球气候变化具有以下证据：全球温度升高，海洋变暖，冰盖萎缩，冰川后退，积雪减少，海平面升高，北极海冰减少和海洋酸化。

引起全球气候变化的原因包括：(1) 温室气体增加，如水蒸气、二氧化碳、甲烷、氮氧化物和氯氟烃。(2) 人类活动的作用，在过去的 150 年里，现代文明所依赖的工业活动已经把大气中的二氧化碳含量从百万分之 280 提高到了百万分之 400。人类活动产生的温室气体，如二氧化碳、甲烷和一氧化二氮，在过去 50 年里导致地球气温上升的可能性超过 95%（图 3-2）。

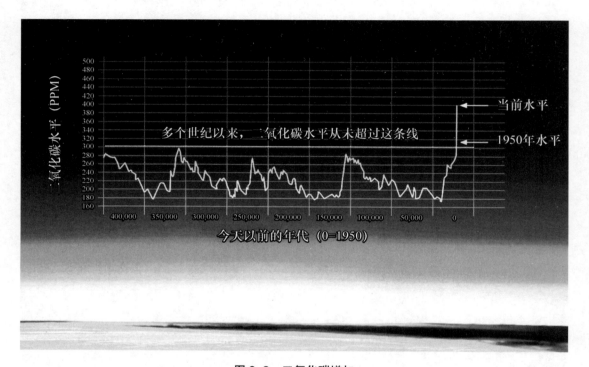

图 3-2　二氧化碳增加

根据目前的判断，全球气候变化在 21 世纪和 21 世纪以后会继续下去：温度将继续升高，无霜期（和生长期）将会延长，会出现更多的干旱和热浪，飓风将变得更加强烈。到 2100 年，海平面将上升 1～4 英尺（1 英尺 =0.3048 米），北极可能会变成无冰地区。

为了应对气候变化，人们已经探索出了一些手段，包括增加清洁能源的使用，减少碳排放等（图 3-3）。

图 3-3　应对气候变化的措施

3.2 五大圈层特征及相互作用

地球的五大圈层包括岩石圈（Lithosphere）、大气圈（Atmosphere）、水圈（Hydrosphere）、冰雪圈（Cryosphere）和生物圈（Biosphere），见图 3-4。

图 3-4　地球的五大圈层

一、岩石圈

岩石圈是地球的表层,薄而坚硬。岩石圈在软流圈之上,包含部分上部地幔和地壳。岩石圈在地球结构中的位置如图3-5,构成岩石圈的岩石类型如图3-6。

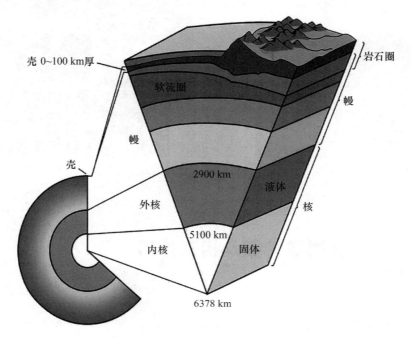

图 3-5　岩石圈

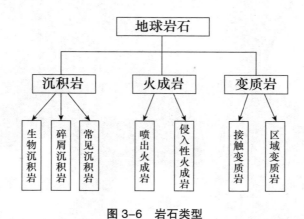

图 3-6　岩石类型

岩石圈并非整体一块,而是由许多板块组成,通常分7大板块:太平洋板块、北美板块、欧亚板块、非洲板块、南极板块、印澳板块和南美板块。

大多数构造活动发生在板块的边界，板块可能碰撞，撕开，或者互相滑动。构造活动可产生非常严重的地质事件，如地震、火山活动、造山作用和形成深海沟。

二、大气圈

大气圈也称大气层，是保护地球上所有生命的气体保护层，具有4个功能：第一，有助于保留太阳的热量并防止其逃回太空；第二，保护生命免受太阳有害辐射的影响；第三，在地球水循环中发挥着重要作用；第四，有助于保持地球气候温和。地球大气层分为5个不同的层：对流层、平流层、中间层、热层和外层（图3-7）。

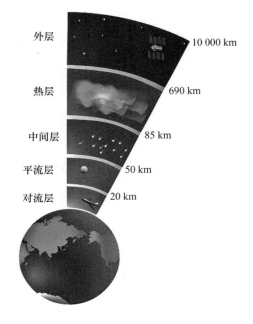

图3-7　大气圈

大气河流是大气层中的水汽长流，形成于大约1.6 km的高空，宽度约400 km，长度可达数千千米，有时甚至横跨整个大洋，如太平洋。这些水汽输送带可以把相当于10～14条密西西比河的水量，从热带搬运到中纬地区，到达美国西岸，撞上内陆山脉（例如内华达山脉）后被迫上升，冷却并凝结成大量的降水（图3-8）。

图3-8　到达美国加州的大气河流

大气中的二氧化碳含量对气候有明显的影响。二氧化碳能吸收地球的红外辐射，引起近地面大气温度的增高。近地面大气变暖会使地面蒸发增强，造成大气中的水汽增多，这又会使近地面大气对地球红外辐射的吸收进一步增强。如此相互作用，造成了全球气候变暖。如果大气中二氧化碳含量增加25%，近地面气温将会增高$0.5 \sim 2.0℃$；如果大气中的二氧化碳含量增加100%，近地面气温将会增高$1.5 \sim 6.0℃$。

为保护地球的环境，最近几年，人们提出了碳达峰与碳中和的概念。碳达峰指二氧化碳排放量达到峰值，我国承诺2030年前，二氧化碳的排放不再增长，达到峰值之后逐步降低。碳中和指企业、团体或个人测算在一定时间内直接或间接产生的温室气体排放总量，然后通过植树造林、节能减排等形式，抵消自身产生的二氧化碳排放量，实现二氧化碳"零排放"。

三、水圈

水圈一般指地球上被冰雪、液态水和水汽所占据而构成的壳层。水圈的上限可视为对流层顶，下限为深层地下水所及的深度。全球水的总储藏量约为13.9亿立方千米，其中97.42%是海水，只有2.58%是淡水，而淡水中的约77%是以极地冰帽、高山积雪和冰川形式存在的（图3-9）。

海洋对天气和气候有直接的影响，主要表现在以下几方面：海洋的热容量巨大，对全球温度起调节作用；海洋是大气中水蒸气的主要来源；洋流是地球表面热环境的主要调节者；厄尔尼诺会导致全球天气异常。

什么叫厄尔尼诺（El Niño）呢？这是指在太平洋的秘鲁和厄瓜多尔沿岸，12月底左右发生的一种海温异常升高现象（图3-10）。厄尔尼诺的成因至今还没有完全搞清，但赤道太平洋中部信风减弱，是形成厄尔尼诺的一个直接原因。厄尔尼诺出现前数月，赤道表层暖水发生大规模的自西向东移动。圣诞节（12月25日）前后，赤道太平洋东部沿岸暖水沿厄瓜多尔和秘鲁海岸南下，水温异常升高，暖水区可迅速向西扩展，热带多雨带也随之南移。原来干旱的赤道太平洋东部降水量剧增，本为雨季的赤道太平洋西部地区出现干旱。由于海温异常升高，沿岸生物大量死亡或潜逃，那里的海鸟也因丧失食物，或者饿死或者迁徙。

图 3-9 全球水循环

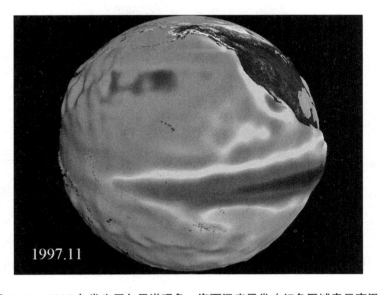

图 3-10 1997 年发生厄尔尼诺现象，海面温度异常（红色区域表示高温）

四、冰雪圈

冰雪圈也是地球表面的一部分，在这个圈层中水呈固态形式，包括海冰、湖冰、河冰、积雪、冰川、冰帽、冰盖以及冻土等（图3-11）。冰雪圈是全球气候系统不可缺少的部分，直接影响地球表面能量、水通量、降雨、水文、大气和海洋循环，在全球气候变化方面也起重要作用。

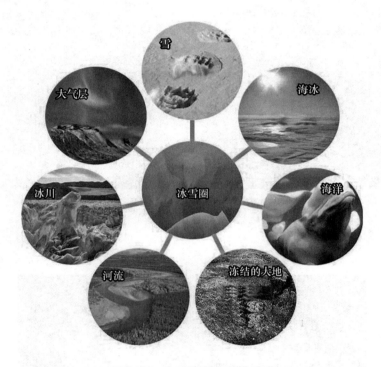

图3-11　与冰雪圈有关的地貌

1. 冰雪圈的变化

季节变化：全球冰雪覆盖具有较大的季节变化。北半球的大陆雪盖季节变化很大，不稳定，但海冰较为稳定；南半球海冰不稳定，季节变化大。

多年变化：海冰具有很明显的年际变化，或者更长的周期，而南半球的变化又要显著得多。大陆雪盖的年际变化也较显著，且与气候的增暖变冷密切相关。随着气候变暖，冰川融化速度显著增加（图3-12）。

2. 冰雪圈与气候

冰雪覆盖影响气候的方式：改变温度场、高低纬的温度梯度，进而改变气压场、大气环流，最终影响气候。

图 3-12　融化的冰川

冰雪圈影响气候的尺度：它对各种时间尺度的局地气候均有影响，但对全球气候的影响主要表现在年际及更长的时间尺度上。

五、生物圈

生物圈是指地球上出现并能感受到生命活动影响的区域，是地球的一个外层圈，其范围为海平面上下垂直约 10 km。叶绿素浓度可以代表生物圈的存在（图 3-13）。

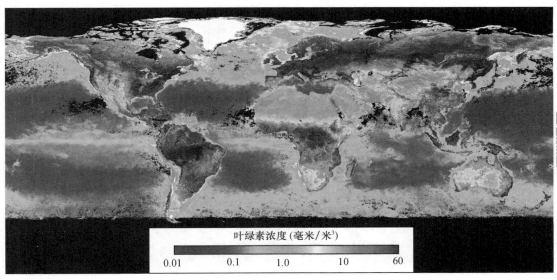

图 3-13　生物圈：叶绿素的浓度

1. 粮食问题

世界人口还在猛增，但地球上的可耕地却是有限的，这必然造成全球范围的粮食问题。此外，滥垦滥伐、水土流失现象日益严重，也加剧了粮食问题。

2. 环境污染

环境污染被定义为将有害污染物引入环境并对我们的周围环境产生负面影响。环境污染的广泛流行始于工业革命的诞生，此后一直没有放缓，人类的活动每天都在排出大量污染。多年来，随着经济和人口的持续增长，环境污染也在加剧。这造成了一个严重的全球性问题，影响着全世界的生物多样性、生态系统和人类健康。污染有多种形式，例如光和噪声，其中三种主要类型是空气、土地和水污染。

3.3 空间对地观测卫星

空间对地观测卫星主要包括陆地观测卫星、气象卫星和海洋卫星。

陆地观测卫星主要用于调查地球的资源和迅速变化的自然现象，如火山喷发、河水泛滥、河口海岸的变迁，以及农作物的长势。现在，这类卫星已广泛运用在寻找矿产、工程勘察、预报火山喷发和地震、森林调查和森林防火、估计农作物的产量等方面，甚至还可测定大陆间的移动距离。

气象卫星是各种规模的天气预报业务的重要观测工具。如美国气象卫星中心管理的气象卫星（图 3-14），中国风云系列气象卫星（图 3-15）。风云卫星拍摄的台风

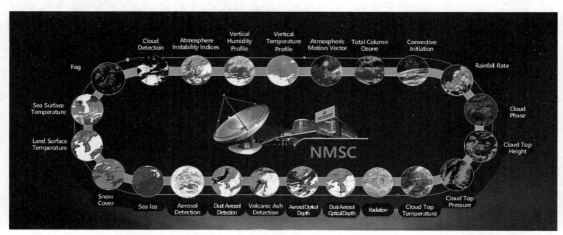

图 3-14 美国气象卫星中心（NMSC）管理的气象卫星

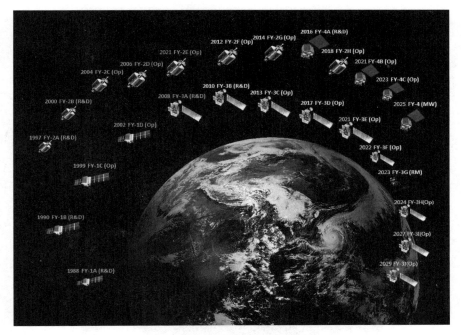

图 3-15　中国的风云气象卫星

"飞燕"如图 3-16。具有全球视野的卫星数据补充了无线电探空仪、气象雷达和地面观测系统等陆基系统数据。有两种类型的气象卫星：极地轨道卫星和地球静止卫星，两个卫星系统都有独特的特点，并提供截然不同的数据。极地轨道卫星在南北轨道上，每天观测地球上的同一地点两次，一次在白天，一次在夜间。极地轨道卫星提供整个地球的温度和湿度数据的图像和大气探测。地球静止卫星在赤道上方 36 000 km 的轨道上运行，以与地球相同的速度旋转，并持续关注同一区域，这使得卫星每 30 min 就能在同一位置拍摄一张地球照片（风云 4 拍摄的全球云图如图 3-17）。在恶劣天气暴发期间，可以命令地球静止卫星每 5～15 min 拍摄一次图像，并重点关注较小的受影响区域。在非常特殊的情况下，可以命令地球静止卫星每分钟拍摄一张照片，但拍摄的区域非常小，例如严重的雷暴。

海洋卫星收集的信息可以告诉我们有关海洋测深、海面温度、海洋颜色、珊瑚礁以及海冰和湖冰的信息。部分海洋卫星如图 3-18。了解海面温度可以让科学家了解很多有关海洋内部和周围发生的事情的信息，例如温度变化会影响鱼类的行为，可能导致珊瑚白化，并影响沿海天气。海面温度的卫星图像也显示了水循环的模式。卫星还提供有关海洋颜色的信息，颜色数据可以帮助研究人员确定沿海洪水的影响，检测河流羽流，并定位有害藻类的繁殖情况，这些藻类会污染贝类并杀死其他鱼类和海洋哺

图 3-16 风云卫星拍摄的台风"飞燕"

图 3-17 风云 4 拍摄的全球云图

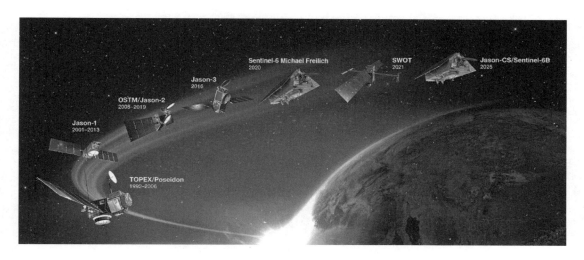

图 3-18 部分海洋卫星

乳动物。气候变化最显著的潜在影响之一是海平面上升，它可能导致沿海地区和岛屿被淹没、海岸线侵蚀以及湿地和红树林等重要生态系统的破坏。卫星高度计雷达测量可以与精确已知的航天器轨道相结合，以前所未有的精度测量全球海平面。卫星图像也可用于绘制水中特征的地图，例如珊瑚礁。海底地质比大陆地质简单得多，因为侵蚀率较低，而且大陆遭受了与洋盆开合相关的多次碰撞。

第四章
月球科学

4.1 月球概况

一、轨道

月球是地球的卫星，所以总是围绕地球转动（公转），同时也围绕自己的自转轴转动（自转）。公转的轨道参数如下：近地点 362 600 km，远地点 405 400 km，轨道周期为 27 天 7 小时 43.19 分钟 11.5 秒。有意思的是，公转周期竟然与自转周期相等，所以我们在地球上始终只能看到月球的一面（正面），如果不借助于探月卫星，是无法看到月球的另一面的。

由于月球存在自转，在月球上也像地球一样有白天和黑夜之分。月球自转一周的时间等于一个恒星月，因此月球上一天的时间相当于地球的一个月。在月球任何一个地方，一个白天的时间都相当于地球的 14 天，一个黑夜的时间也相当于地球的 14 天（月球自转周期的一半）。

月球是同步旋转的，这意味着它始终保持同一面朝向地球。这种同步旋转只是平均而言是正确的，因为月球的轨道有一定的偏心率。月球的角速度随着它绕地球的运行而变化，所以并不总是等于月球恒定的自转速度。当月球在近地点时，它的轨道运动比它的自转速度快。那时，月球在绕其轴旋转的轨道上稍微超前一点，这就产生了透视效果，让我们可以看到它东边（右边）远端的经度8°。相反，当月球到达远地点时，它的轨道运动比它的自转速度慢，可以看到它的西侧（左边）的8°经度，这就是经度上的天平动。由于月球的天平动，累积起来，人们从地球上可以观测到月球整个表面的59%（图4-1）。

图4-1 月球的天平动

月球的轨道有两个特点。一是由于月球轨道平面与黄道面之间有5.14°的夹角（图4-2），所以不会每个月都发生日食。二是由于月球的轴倾角只有1.54°，所以在

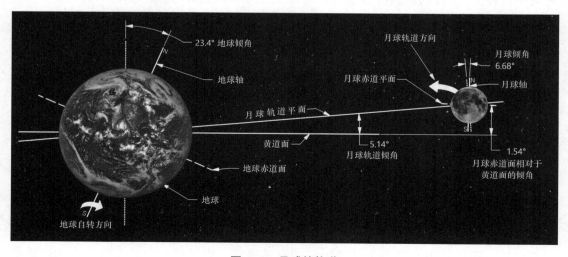

图4-2 月球的轨道

月球的极区，阳光几乎是平射的，一些地势高的地方，被太阳照射的时间就比较长，这些地区被称为"永昼区"；而在一些低洼区域，特别是在一些陨石坑底部，则永远见不到阳光，这些区域称为"永久阴影区"。在月球的南极和北极都有永久阴影区，但南极的永久阴影区面积比较大（图4-3）。

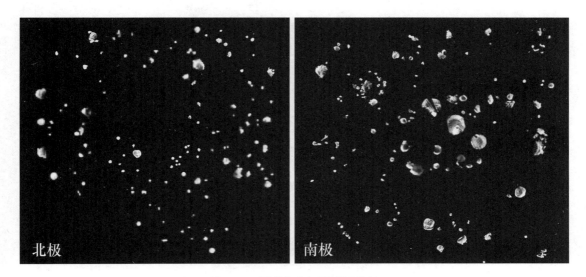

图4-3　月球南北极阴影区比较

二、地形地貌

月球正面的大部分区域地势平坦、低洼，肉眼遥望时呈现黑暗色斑块，这些区域称为月海（Mares）。月海总面积约占全月面的25%。迄今已知的月海有23个（包括风暴洋），绝大多数月海分布在正面，正面月海约占半球面积的一半；背面只有东海、莫斯科海和智海共3个，而且面积很小，占半球面积的2.5%。月球表面地形如图4-4。

月海虽叫做"海"，但徒有虚名，实际上它滴水不含，只不过是较平坦的、比周围低洼的大平原，它的表层覆盖类似地球玄武岩那样的岩石，即月海玄武岩。这种岩石的反光率比较低，因此从地球上看上去显得比较暗淡。古人观看月球时，将这些暗淡的地方与地球上的大海联系起来，认为这些地区就是大海，并且给这些"海"起了名字，一直延续到今天。

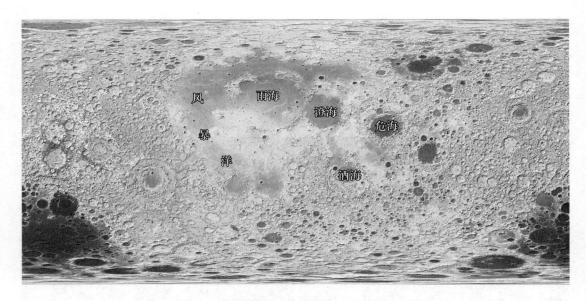

图 4-4 月全图，中间是正面，两侧是背面

三、密集的陨石坑

陨石坑是月球上最有名的地质过程产物。当一个固态的天体，如小行星或彗星，以高速度（平均速度为 17 km/s）与表面碰撞时，陨石坑就形成了。撞击的动能产生一个压缩激波，从入口的角度辐射出来。这是由一个狂暴的波浪所产生的，它将大部分的喷出物从陨石坑中释放出来。最后，底部产生一个流体动力反弹，可以产生一个中心峰。据估计，月球大约有 132 万个直径超过千米的陨石坑。月球的地质时间尺度是基于最显著的影响事件，以多个隆起物质环为特征的构造（如酒海、雨海和东海），直径在数百千米到数千千米之间，与形成区域地层的喷出物沉积的宽阔板块有关。由于缺乏大气和最近的地质作用，这些陨石坑都保存得很好。虽然只有少数多环盆地被确定年代，但它们对于确定相对年代是有用的。由于陨石坑的累积速度几乎是恒定的，计算每单位面积上的陨石坑数量就可以用来估计地表的年龄。阿波罗任务期间收集到的撞击熔融岩石的辐射年龄在 38 亿年～41 亿年，根据这一点，人们提出在月球早期撞击史中增加晚期严重撞击期，推断在 41 亿年前至 38 亿年前的时间内，由于某种原因月球经历了大量小行星撞击的事件。这段时间称为"晚期重撞击时期"。据估算，月球上直径大于 1 m 的陨石坑总数高达 3 万亿个。而根据美国月球勘察轨道器测量的结果，直径在 5～20 km 范围的陨石坑超过 20 000 个，而直径大于 20 km 的陨石坑有 5185 个。

4.2 月球科学

随着月球探测的进展，月球科学的内涵也在不断变化。新时期，月球科学的内涵包括三个方面：关于月球的科学（Science of the Moon）、基于月球的科学（Science from the Moon）和居于月球的科学（Science on the Moon）。

关于月球的科学所涉及的内容极为丰富，可以概括为 8 个方面的概念。

概念 1：太阳系内部的轰击历史在月球上得到了独特的揭示。要实现与轰击历史相关的这一概念的科学目标，需要对表面进行探索。就地测年将有助于了解撞击坑遗址，并能够回答一些问题。其他更复杂的科学问题需要更高的精度和准确性，这些结果只有在地面实验室才能获得，因此需要样本返回。基于现场调查或新返回的样品，盆地撞击熔体的成分建模、熔体样品的详细岩石学和地球化学调查可以将它们与特定盆地联系起来，根据实地调查或新送回的样本，建立盆地撞击熔体的成分模型，对可与特定盆地联系起来的熔体样本进行详细的岩石学和地球化学调查，并对多个撞击熔体样本进行详细的地质年代研究。

概念 2：月球内部的结构和组成提供了关于不同行星体演化的基本信息。通过同时部署全球分布的地震和热流网络以及扩展的反向反射网络等仪器，从不同年代的地形中战略性地收集样本，可以在扩大我们对行星差异的认识方面取得有意义的进展，这些样本可以提供月球化学的约束条件和月球内部历史的新信息。

概念 3：月球地壳岩石的多样性表现出关键的行星过程。为了提高对分化过程和月球复杂地壳的理解，我们需要以更高的空间分辨率获取成分信息，从高优先级目标返回样本，在环境元素和矿物学分析以及区域地震网络中确定垂直结构，以及由宇航员进行地质实地调查。最近的轨道任务中返回的数据使我们能够确定许多高优先级的目标地点，以便进一步探索。这将进一步加深我们对月球地壳的了解。

概念 4：月球两极是特殊的环境，可以见证太阳系历史后期的挥发性通量。过去十年的探索提供了更多关于月球两极的信息，但要实现与这一概念相关的目标，如了解挥发源、详细成分和古代太阳环境，将需要实施 2007 年国家研究委员会（The National Research Council，NRC）报告中的建议，如原位分析和低温保存样本的返回。

概念5：月球火山活动为了解月球的热演化和成分演化提供了一个窗口。了解行星火山作用的关键进展将来自地下探测、样本返回（包括最年轻和最古老的玄武岩，基准玄武岩和火山碎屑沉积物）、地质背景调查的原位元素和矿物学分析，以及包括岩心钻探、活跃的地下探测和玄武岩流完整序列采样在内的宇航员野外工作。鉴于新的遥感数据显示了高优先样点的位置和可及性，这些建议的实施比以往任何时候都更加可行。

概念6：月球是一个可以在行星尺度上研究撞击过程的实验室。我们的目标仍然是了解这个基本的行星过程，这些问题可以通过以下方式解决：详细研究以确定更古老盆地的大规模熔体沉积物；在多环盆地建立区域地震网络以深入了解盆地结构；实地研究和撞击熔体片和峰环的样本返回，以阐明其形成模式和起源深度；进行长时间的轨道观测，以发现新形成的、比迄今为止看到的更大的撞击陨石坑。

概念7：月球是一个天然实验室，用于研究无水无气天体上的风化过程。2007年NRC报告中关于了解行星体表面的发展和演化的建议在今天仍然有效，包括探测以揭示风化层的上层地层，以及从不同组成和年龄的地区返回的风化层样本，例如从地层保存的古代风化层和从古风化层。遥感和样本研究之间关于主要空间风化因子的明显冲突可以通过原位分析和从月球漩涡等区域返回的目标样本来解决。

概念8：在月球大气和尘埃环境保持原始状态的情况下，对相关过程进行科学研究。概念8所取得的实质性进展明确了仍需取得最大进展的领域，这包括：确定中纬度地区地表羟基和水的来源；确定氢产物是否向极地迁移到冷圈闭储层；探索与等离子体异常/空洞相关的近地表静电沉降，如极地陨石坑、磁异常和夜侧终端；系统探测外逸层中的痕量挥发性物质（如水、氢氧根、碳氢化合物），并寻找地震事件后氩和其他内部物质迅速释放的证据。

基于月球的科学是指利用月球表面环境的优点，开展多学科的科学观测和研究（图4-5）。在月球表面建立人类管理的前哨站以及支持该前哨站所需的所有相关基础设施，特别是货物运输系统、机器人设备和人类移动设施，将为各种学科提供巨大的价值，并建立一个可以进行多种科学研究的平台。月球可能为观测和研究地球、近地空间和宇宙提供了一个独特的位置。例如，月球表面没有大气，可以更好地观测太阳和其他天体。基于月球表面可以进行的对地观测如图4-6。

居于月球的科学将随着人类登陆月球而得到发展。所涉及的领域包括人类生理学（营养学、肌肉研究、心血管研究及骨质疏松研究），免疫学（免疫功能、淋巴分布），放射生物学（辐射防护、免疫系统），动物学（再生、系统发展、骨质疏松、大脑功

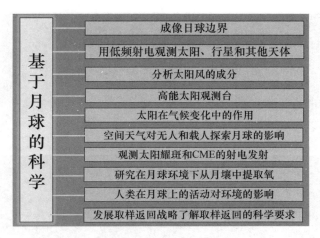

图 4-5 基于月球的科学

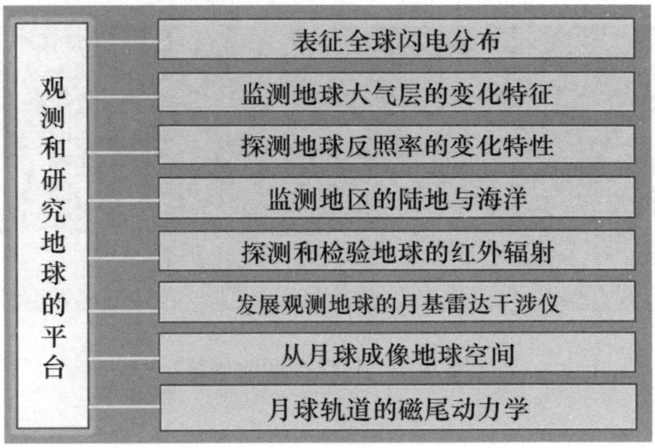

图 4-6 观测与研究地球的平台

能），微生物学（放射生物学、基因工程），社会学，心理学以及进化生物学（胚胎学、有机繁殖）。

4.3 月球探测的历史

月球探测的历史可分为高峰期（1958—1976）、寂静期（1977—1993）、恢复期（1993—2006）和新发展时期（2007—　）四个阶段（图 4-7）。

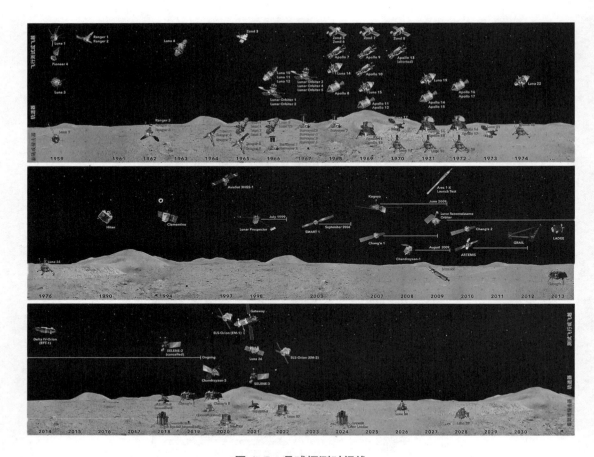

图 4-7　月球探测时间线

在高峰期，人类发射的卫星数量多，但成功率低。人们实现了飞越、着陆、环绕、取样返回和载人探测等 5 种探月方式。在这个时期，政治竞争是驱动力，科学目标尚不够明确。

在寂静期，只有日本于 1990 年发射了飞天号探测器。这期间，美国的兴趣转向航天飞机与火星探测，苏联（俄罗斯）转向建设空间站。

在恢复期，美国国防部发射了克莱门町探测器，美国航空航天局发射了月球勘探者探测器，欧洲航天局发射了"智慧 1 号"探测器。

从 2009 年 7 月开始，日本、中国、印度和美国先后发射了多颗月球探测器，月球探测出现了一个小高峰。

4.4 向月球南极进军

从 2022 年开始,韩国、美国、俄罗斯和印度等国先后发射了月球探测器,主要目标是月球的南极。面向未来,多国制订了探索月球南极的计划,出现了向月球南极进军的态势。为什么会出现这种情况呢?这是因为是月球南极既有永昼区,又有永久阴影区;既有很高的科学价值,又有重要的应用价值。

一、探索南极的科学目标

1. 月球南极蕴藏丰富的水冰

经过多颗月球卫星观测的结果,已经证实在南极陨石坑永久阴影区存在水冰,而且数量相当可观。2009 年,月球陨石坑观测与遥感卫星(LCROSS)撞击南极陨石坑的结果表明,检测到水的质量百分比高达 5.6%±2.9%。在此之后,2018 年的一篇论文对从月球矿物学测绘仪(M3)收集的数据进行了分析,在永久阴影区域表面的上部几毫米处,许多位置的冰浓度高达 30%。仅在南极就可能有 1 万到 1 亿吨水冰。月球勘察轨道器观测结果表明蓝色区域水冰含量高,如图 4-8。

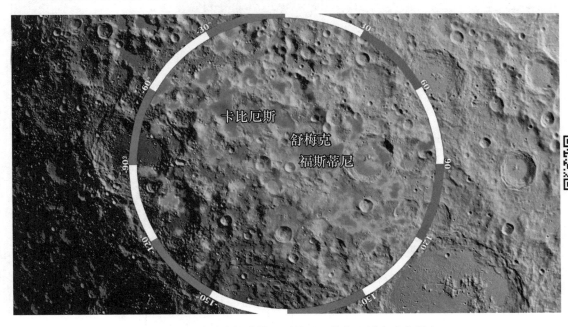

图 4-8 月球勘察轨道器观测结果:蓝色区域水冰含量高

月球水冰对未来的太阳系探索意义重大。水是长期探索的关键资源，这也是美国宇航局计划在2025年之前将宇航员送往月球南极的主要原因之一。水是推进人类探索的必需品，因为它可以被用于宇航员的饮用水，冷却设备和呼吸系统，以及为更远地进入太阳系的任务制造火箭燃料。

月球南极结冰的水可以追溯到数十亿年前，并且没有受到太阳辐射或地质过程的污染，否则这些过程会不断搅动和更新行星表面（比如地球上的风和侵蚀），这为我们提供了了解早期太阳系的窗口。收集这些水的记录可以帮助人们了解水和其他挥发物是如何在太阳系中移动的，因此人类需要到达这些地点并对材料进行采样。

2. 开发和利用月球南极的阳光资源

除了水资源外，月球南极的永昼峰还可以为人类提供丰富的阳光资源。永昼峰是月球表面上的点，通常位于高陨石坑边缘，可提供近乎恒定的太阳照度，因此可以提供几乎恒定的太阳能（电力和热能）。充足的阳光允许探险者收集阳光以照亮月球基地，并为其设备供电。利用反射的阳光还可以对位于月球永久阴影区域的冰进行热开采，如图4-9。

图4-9　利用反射的阳光对位于月球永久阴影区域的冰进行热开采

3. 从月壤中提取氧

氧气存在于月壤中,可以直接提取,能够用于生命维持氧气、推进剂氧化剂,甚至是促进植物生长等方面。在已测试的月球材料样本中,发现氧丰度在 42%~45% 之间(按重量计)。能够使用月球氧气是很重要的,因为从地球向太空发射材料的成本很高,有许多在月球上提取氧气的方法也需要大量能量,但相比之下,这些方法仍然可以节省成本。这种成本节约为利用月球上的原位氧气资源提供了动力,从而降低了任务成本,并使任务变得更加可持续。一些生产月球氧气的测试方法包括碳热还原风化层、氢还原风化层等。目前,美国国家航空航天局约翰逊航天中心的工程师已经研制了从月壤中提取氧的装置 ROxygen,这种装置投入使用后,每年可生产 1000 kg 氧气。中国的技术人员在从月壤中提取氧的技术方面也取得了巨大成果,设计的月面提取氧装置如图 4-10。

图 4-10　中国技术人员设计的月面提取氧装置

4. 确定挥发物的成分和提取

到目前为止,已经有多颗探测器利用多种仪器探测了月球极区的挥发物成分,并获得了许多有价值的结果。月球探勘者上的中子谱仪绘制了整个月球表层 50 cm 处的氢含量，并显示这一参数在月球两极有明显的增强。然而，后来的研究发现，仅中子光谱仪的数据不足以区分氢和不同的氢化挥发性物质，在两极检测到的大量氢最有可能以水分子的形式出现。美国的月球陨石坑观测和传感卫星（LCROSS）以撞击的方式探测南极陨石坑内的水冰，在撞击点的月壤中检测到 5.6%±2.9% 的水冰。同时，该任务的引导航天器监测了撞击地点和产生的抛射物，揭示了发射线可能是由 Ag、CN、CO、CO_2、H_2O、Na、NH、NH_2 和 OH 造成的，其中 OH 的存在可能是由于 H_2O 的热分解或颗粒表面的吸收。在 LCROSS 光谱中，NH 和 NH_2 发射线被认为是来自月壤。在光谱中也观察到了 Na，被解释为从附近而不是在表面。

了解极区挥发物的挥发状态和分布，对于在月球上建立永久基地也非常重要。在相对较小的月球土壤中可能有足够的氢，可以提供多年的火箭燃料，而且这种沉积物很容易通过加热提取出来。不过，我们还不知道两极的暂定挥发物是以斑块还是层状存在于风化层中，也不知道它们最集中的地方在哪里。更好地了解挥发性沉积物的大小和分布，将有助于更有效地实施原地资源利用（ISRU）技术，从而增加未来月球飞行的回报。

月球挥发物的提取、分离和收集包括：定位和表征月球挥发物资源（尤其是极地氢/水）的各个方面；在永久阴影的陨石坑中挖掘风化层（温度约 −233℃，高度低至 2 m）；对该风化层进行机械、热、化学和电气处理以释放挥发物；识别/量化所有挥发物；以及分离和收集感兴趣的挥发物。人们感兴趣的指标包括：挖掘率（kg/h）；挖掘效率（所需功率/挖掘率）；资源提取效率（每小时产生的单位质量挥发物的功率）；收集效率（收集的质量与进化的总量）；收集纯度（收集的所需产品的质量与收集的总量）。

人们感兴趣的具体领域包括：

1. 根据含水量和极冷（40～100 K）风化层和当地环境条件，挖掘类土壤至类岩石风化层（70 MPa）的技术。

2. 收集风化层的挖掘技术或系统，同时保留可能存在的松散挥发性物质。

3. 风化层处理、加工和加热技术，最大限度地减少释放挥发物所需的时间和能量（植入太阳风或在永久阴影的陨石坑中）。

4. 含有不同浓度氢气、二氧化碳、氮气、氦气、水、氨气和甲烷的产品流的气体分离和收集技术。

5. 在磨蚀、静电和高真空环境中，在广泛的温度范围（40～500 K，最高 1500 K）

内,反复(少于50次)使用的密封技术,以及将挥发物植入月球表层土类似物的陆地样本中的具体技术,以支持挥发物收集和提取技术的开发。

5. 挥发物的来源

月球挥发物的来源可分为外源和内源。外源涉及彗星和小行星撞击、巨大分子云以及地球周围的粒子;内源涉及月球形成过程以及火山活动等多种机制。但究竟哪种起主要作用,还需要深入研究。

最近几年,研究人员发表了一些关于火山挥发物来源的论文,认为本土挥发物循环始于月球演化的岩浆海洋阶段向月球内部输送挥发物,这些挥发物的一部分随后被火山过程带回地表。这些挥发性物质的喷发主要由 CO 气相驱动,对阿波罗15号和17号玻璃的新分析表明,H_2O 也参与其中。观察到和推断出的每一个喷口都可能产生比当前月球外逸层(2×10^7 g)更多数量级的质量。薛定谔喷口是月球南极地区唯一的喷口,它可能是盆地形成时代之后,任何极地挥发性沉积物的主要本土来源。

随着时间的推移,在月球表面上累积的挥发物对太阳历史也有重要影响。了解这些挥发物的来源可以为月球挥发物的收支提供重要的限制。提供初始条件和系统输入,为挥发物改变和存储过程的研究提供了信息。

6. 深入了解挥发物保存和损失过程

有关改变月球表面挥发物状态或分布过程的问题,广泛适用于其他无大气的天体上的类似问题。要在地面实验室研究这些过程是很困难的,因此在月球的研究中验证我们的理解非常重要。在未来的任务破坏原始的月球外逸层之前,充分了解这些过程是很重要的。极区挥发物一般要经历输运、保留、改变和丢失等过程。

7. 了解极地月壤的物理性质

所有现存的月球表面样本要么来自赤道阿波罗任务,要么来自来历不明的月球陨石。正因为如此,人们对赤道月壤的物理性质相对比较了解,对返回的样品和岩芯的分析提供了关于赤道地区月壤矿物和化学性质的信息。我国发射的嫦娥五号和六号取回的样品,极大地加深了科学家对月壤的认识,但目前此项研究工作还在进行中。

在极区,极低的温度(50~70 K)会对月壤的性质产生重大的影响,如体密度和电导率。不仅两极的表面温度更低,而且,由于周围物质的温度不同,地表下的温度分布也可能不同。

除了对月壤的直接热效应外,月球两极的低温还能通过水和其他挥发物的存在而间接影响月壤。特别是水的存在,会促使月球土壤颗粒(矿物颗粒和玻璃)通过冲击黏合在一起，形成凝集物。这些极多孔颗粒的大量存在将增加含有它们的月壤样品的总孔隙度。凝集物已至少占成熟月壤体积的一半，因此它们对月壤整体性质的影响是不容忽视的。月球两极极冷的温度也可能抑制月球火山玻璃珠的形成，导致凝集物更少，从而降低体积孔隙度。

空间风化作用也可以决定极区月壤的物理性质。一般来说，月球两极的月壤可能由于后期的重轰击和缺乏大规模的火山活动而变得更细。极区颗粒较细的物质不仅会影响月壤的渗透性，而且还会为挥发物的结合提供更大的颗粒表面积。

了解月球极地月壤物理性质的重要性在于，这些表面材料的状态可能决定从月壤中提取挥发性物质的难易程度。这些沉积物将极大地促进未来人类在月球表面的活动，并可以通过提供当地的燃料来源，为人类或机器人的探索提供支持。与提取这些挥发物相关的月球表面活动也需要详细了解极地月壤的物理条件，以确保安全操作。此外，富含挥发物的极区永久阴影区将为其他无大气的天体（如小行星或水星）提供有用的类比，在永久阴影区直接测量极性月壤可能是表征这些物质的唯一方法。然而，在如此低的温度下返回样品是非常困难的，同样的样品在更高的温度下可能不会有相同的物理性质。

8. 研究极地月壤中保存的太阳活动记录

在月球极区，特别是在永久阴影区，极冷的温度可能使其保存的太阳活动记录比在月球赤道地区的样本中保存的记录要长，这些样本在昼夜周期中被加热和冷却。当月壤被加热时，它会释放挥发性元素作为气体，尤其是在太阳风下植入的粒子。在更深的月壤中，这些粒子可能相当古老，这意味着它们在太阳的进化过程中在不同时间被植入月壤。

例如，对月球赤道土壤的热排气的研究显示出氮的特征，这似乎与太阳成分模型不符。但由于这些地区的高温，目前还不清楚这一特征是否是由于太阳成分的真实异常，或者是植入后的扩散或分化过程。对极区永久阴影区中月壤的研究可能有助于解决这个问题，因为这些月壤没有被广泛加热，所以不太可能遭受类似的植入后修饰。被植入极地月壤和保存在永久阴影区中的太阳风粒子将有助于填补我们对太阳知识的一个重要的空白。

随着时间的推移，月球的倾角变化到 $77°$，尽管月球的倾角在过去的 2 Ga（1 Ga=10 亿年）中相对稳定。由此可见，现代的永久阴影区很可能在过去的大约 2 亿年里就被遮蔽了，最古老的永久阴影区是最靠近两极的。因此，在月球极地地区可测量到的太阳历史从现在一直延伸到大约 2 Ga 前。根据有关研究结果，陨石和月球记录可以揭示太阳系历史的前 0.5 Ga 和最后 10 Ma 以内的太阳历史，但这两者之间的时间并不容易解释。最近（＜10 Ma）的高能太阳粒子与现在的粒子没有任何明显的变化。

　　了解太阳的历史有助于我们了解地球上过去的气候。例如，了解地球历史上的太阳输出将有助于解释地球过去的气候变化。

　　另一个有希望的研究途径是在永久阴影区或其他寒冷的极地地区存在惰性气体"雪"的可能性。在月球上测量到的最冷温度低于 23 K，这使它们的温度范围与氙、氪和氩的稳定性相同。这意味着，在这些地方，稀有气体有可能被冻结在月球的外逸层之外，并可能被隔离在月壤中，至少在短时间内如此。月球上最低的平均温度约为 38 K，惰性气体长期固态储存似乎不太可能，但周期性的"捕获和释放"循环可能十分普遍。这为对周期性彗星的研究提供了一个有趣的类比，当它们改变与太阳的距离时，可能会经历类似的温度波动。

二、未来的月球南极探测计划

　　2022 年，中国的探月工程四期正式启动工程研制，2024 年发射"嫦娥六号"，以后将陆续发射"嫦娥七号"和"嫦娥八号"探测器，加强国际月球科研站建设。"嫦娥六号"已实现到月球背面采样，着陆点在月球背面的阿波罗盆地。

　　2021 年 6 月，中国国家航天局和俄罗斯国家航天集团公司联合发布了《国际月球科研站路线图》和《国际月球科研站合作伙伴指南》，介绍了国际月球科研站（ILRS）的概念、科学领域、实施途径和合作机会建议等内容，为国际伙伴在国际月球科研站的规划、论证、设计、研制、实施、运营等阶段的参与指明了方向。

　　国际月球科研站是在月球表面或月球轨道上建设可进行月球自身探索和利用、月基观测、基础科学实验和技术验证等多学科、多目标科研活动，长期自主运行的综合性科学实验基地，其基本构成如图 4-11。

　　根据目前的计划，国际月球科研站将完成 5 大科学任务：

　　第一，建成指挥中枢、基本的能源和通信设施，用于满足月球基础设施、自动操作和长期研究及探索；

　　第二，将建成月球研究与探索设施，例如月球物理、地质剖面、熔岩管的探索和月球样品采集；

　　第三，将建成月球原位资源应用技术验证设施；

图4-11 国际月球科研站基本构成

第四，将验证后续探测的通用技术，例如月球生物医学实验，分散式月球样品采集及返回；

第五，建成月基天文和对地观测设施。

国际月球科研站初步设计的总体科学与应用目标有 5 个方面，包括月球考古、巡天探秘、日地全景、科学实验、资源利用。

月球考古，即月球演化进程的综合探测与研究，主要任务是构建月球内部精细结构模型，实施"透明月球"计划，构建月球重大地质事件时空分布及其演化模型，构建月球水分与挥发演化模型。

巡天探秘，即研究恒星形成和活动规律，探寻人类的另一个家园及其高能暂现源，构建宇宙演化的完整"图谱"，探寻人类所知宇宙的前世今生。目标回答"人类在宇宙中是否孤独"的问题，并揭示宇宙黑暗时代和黎明时代的演化历史。

日地全景，即利用月基平台，对太阳、日-地-月环境、地球宏观地质现象开展全因果链的无缝观测，揭示其物理过程和形成机理。具体将开展月基太阳三高观测，观测太阳的高温日冕、高能辐射、高速太阳风和日冕物质抛射，并开展月面环境探测和月基对地全景观测。

科学实验，即开展月基基础科学实验研究，例如，探索研究月面环境下的植物生长发育对月面环境的感知与应答、月面下植物-微生物相互作用、面向植物培养的月壤生物可利用性、月面环境因素对闭合陆生生态系统的能量物质流转与系统稳定的影响等理论与技术问题。

资源利用，即对月球资源进行就位利用，包括月球上的矿产等物质资源、太阳能等环境资源以及月球在太空中所处的位置资源等的利用。

美国的月球南极探测计划设计有三方面，阿尔忒弥斯计划、月球门户计划以及 NASA 和商业公司的机器人探测计划。

阿尔忒弥斯计划于 2017 年 12 月开始，作为振兴美国太空计划的连续努力的一部分。NASA 声明，该计划的短期目标是让第一位女性和第一位有色人种登上月球；中期目标包括建立一个国际探险队，以及在月球上实现可持续的人类存在；长期目标是为开采月球资源奠定基础，并最终使载人前往火星及其他地方的任务变得可行。阿尔忒弥斯计划的首次飞行在 2022 年，首次载人登月目前计划于 2027 年。

月球门户，或简称门户，是一个计划中的月球轨道小型空间站，旨在用作通信枢纽、科学实验室、航天员的短期居住舱以及漫游者和其他机器人的存放区（图 4-12）。

图 4-12　月球门户

这是一个跨国合作项目，涉及四个国际合作机构：美国宇航局（NASA）、欧洲航天局（ESA）、日本宇宙航空研究开发机构（JAXA）和加拿大航天局（CSA）。它计划成为第一个绕月球运行的空间站。

门户计划部署在绕月球的高度椭圆的 7 天近直线晕圈轨道（NRHO）中，这将使该站最近距离时距离月球北极表面 1500 km 以内，最远时距离月球南极 70 000 km。

NASA 还制订了多项机器人探测计划。另外，美国有十几家商业公司也制订了探索月球南极的计划，多数使用月球车，如图 4-13。

图 4-13　部分美国商业公司计划发射的月球车和着陆器

第五章
行星科学

5.1 行星科学概论

行星科学是对行星及其行星系统的科学研究，包括卫星、环系统、气体云和磁层等。它包括了解行星系统是如何形成的，这些行星系统是如何工作的，以及它们的所有组成部分是如何相互作用的。行星科学是一个跨学科的领域，包括天文学、大气科学、地质学、空间物理学、生物学和化学。

行星科学试图回答的重大科学问题包括：太阳系是如何形成的？生命存在的条件是什么？太阳系是如何运作的？太阳如何影响行星和行星系统？行星系统是如何演化的？

由美国科学院组织制定的《2023—2032 年行星科学和天体生物学十年战略》文件中，明确提出了未来行星科学的 12 个优先科学问题，使行星科学的研究目标更加具体。这 12 个问题构成了 4 个科学主题，分别是起源、现状与过程、生命与宜居性、交叉学科。

起源主题具体分为 3 个问题。

1. 原行星盘的演化

太阳系的初始条件是什么？什么过程导致了行星基本单元的产生，这些物质的性质和进化历程是什么？

这个问题是关于太阳星云的历史，即演化成太阳系的原行星盘，圆盘是由气体和尘埃组成的分子云坍缩形成恒星时产生的副产品。原行星盘的演化有四个顺序的、但部分是同时发生的阶段，如图 5-1：（1）初始分子云坍缩和星盘的形成；（2）星盘的物理化学演化；（3）星子形成；（4）星云气体的扩散。在这些阶段发生的过程是建立初始条件的基础，这些条件导致了我们今天所知道的太阳系的物理组成部分：从彗星中保存的原始太阳系前颗粒，到巨行星中吸收的气体，再到地球和其他太阳系内部岩石体的挥发性成分。此外，以太阳星云的历史为模型和一般原行星盘的天文观测进行比较，提供了与系外行星的研究交叉相关的比较点。

了解太阳系历史的这一部分是具有挑战性的，因为过程很复杂，控制星盘演化的力量还没有完全确定。原行星盘中气体和尘埃的演化不仅相互耦合，而且还与年轻的太阳和周围的恒星形成区耦合。固体相互结合形成小颗粒，同时受到一系列过程的影响，包括气体阻力、圆盘内的湍流，以及新世界开辟新轨道的引力效应。陨石中被称为球粒的微小球体告诉我们，一些小颗粒在圆盘内经历了突然的融化事件，但它们是如何以及在哪里发生的，是关键的未解决问题。宏观的小天体显然在星盘的某些区域集中到足以形成大的星子（行星的基石），但这一过程的细节仍然难以捉摸。我们解决这些问题的最佳机会是从许多不同的方向研究它们，理论、观察、实验室研究和航天器任务都在其中发挥着关键作用。

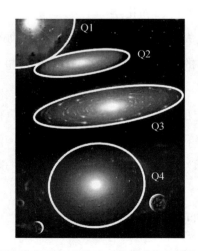

图 5-1　原行星盘演化的四个基本阶段示意图及其与问题 1 的关系

2. 外太阳系的吸积

巨行星及其卫星系统是如何以及何时起源的？它们的轨道在它们的历史早期是否有过迁移？矮行星和在巨行星之外绕轨道运行的彗星是如何以及何时形成的？它们是如何受到太阳系早期演化的影响的？

外太阳系，从木星延伸到奥尔特云，包含着理解我们行星系统形成和早期演化的关键。气态巨行星的形成是理论天体物理学中一个主要的悬而未决的问题，木星和土星常被用来校准和测试新的模型，因此，需要对这些行星进行详细的描述。天王星和海王星代表了一类独特的行星，它们明显不同于类地行星和气态巨行星，它们的形成挑战了行星形成模型，因为我们不清楚它们是失败的气态巨行星，还是以不同的方式形成的。类似大小/质量的行星在银河系中大量出现，这表明这种中等质量气体行星的形成是普遍的，强调了我们需要了解天王星和海王星的形成。巨行星拥有完整的行星系统，包括环和规则卫星，以及被认为是在太阳系历史早期从日心轨道捕获的不规则卫星。这些系统的独特特征进一步限制了巨行星系统的起源和早期演化。外太阳系也有各种各样的小天体：彗星、不规则卫星、特洛伊、半人马座，以及一群矮行星和海王星外带的小天体，后者呈现出一种复杂的轨道结构，对其全部范围和特征的探索仍在以望远镜能力的极限进行。然而，就像我们现在所了解的那样，外太阳系中较小天体的轨道和物理特性为其形成过程提供了深刻而详细的线索。探索系外行星系统为我们提供了新的视角，让我们能够了解它们与我们的太阳系有何不同。这种比较研究为理解太阳系的形成过程提供了额外的动力，因为只有太阳系是我们能够直接探索并深入理解其细节的系统。

关于巨行星的问题可细分为 5 个小问题：

（1）巨行星是如何形成的？

（2）是什么控制了形成巨行星的物质成分？

（3）在吸积时期，巨行星周围的卫星和光环是如何形成的？

（4）巨行星之间、原太阳盘和太阳系外较小的天体之间是如何相互作用的？

（5）早期外太阳系的过程是如何产生冥王星和海王星外天体的结构和组成（表面和内部）的？

3. 地球和内太阳系天体的起源

类地行星、它们的卫星和小行星是如何以及何时形成的，是什么过程决定了它们最初的性质？太阳系外的物质被吸收到什么程度？

内太阳系有四颗类地行星，水星、金星、地球和火星，其他天体还有地球的大卫星、火星的两个小卫星、矮行星谷神星、许多100 km级的小行星，以及许多分布在小行星带和内行星区域的小天体。这种结构在多大程度上反映了一般太阳系形成过程的确定性结果？有多少是随机事件的结果？如果系统的形成可以重新运行，这些随机事件会以不可预测的方式变化吗？这些基本问题激发了对太阳系内部的科学研究。它不仅有助于了解我们自己的行星的起源，而且还有助于了解太阳系之外的行星系统和类地行星的起源。

固体行星形成的一般方面——包括最初的小星子的碰撞积累，内盘区域冰凝结的温度太高，以及稳定所需的大行星之间的最小轨道距离——表明靠近其母星的岩石行星可能是行星吸积的常见结果。相比之下，诸如巨行星迁移和零星的巨行星撞击等过程可能敏感地依赖于不同系统之间差异很大的条件。可预测事件和随机事件之间的相互作用是太阳系起源的一个重要主题，对太阳系内部世界的研究为解决这一交叉问题提供了一种独特而有价值的手段，这要归功于它们的可及性，以及远程观测和物理样本分析相结合所提供的强大约束。

内太阳系和地球是行星系统形成的典型结果，还是与宇宙中大多数系统相比是一个异常值？这个问题又可细分6个具体问题：

（1）小行星和太阳系内原行星是如何、何时形成的？

（2）巨行星的形成和迁移是否塑造了太阳系内部的形成？

（3）地球-月球系统是如何形成的？

（4）哪些过程产生了火星、金星和水星及其不同的初始状态？

（5）类地行星和月球是如何区分的？

（6）是什么建立了太阳系内部挥发性元素和化合物的原始库存？

4. 撞击和动力学

太阳系天体的数量是如何随时间变化的？整个太阳系的轰击是如何变化的？撞击如何影响行星体的演化？

太阳系形成和演化的大部分故事都可以通过撞击和动力学的历史来讲述，太阳系一些天体上的撞击结构如图5-2。然而，行星形成的最后阶段往往是鲜为人知的。建模工作者需要考虑巨行星的迁移，连同行星的形成过程，如何影响整个太阳系的天体。过去的研究工作进行了一系列太阳系行星形成和演化模型的分阶段测试。第一阶段是重现类地行星和巨行星的轨道、大小和角动量。第二阶段是重现小天体储存库，包括小行星和开伯带。现在人们更关注第三阶段，即小天体——包括海王星外天体（TNOs）、彗星、剩余的星子和小行星——在过去的45亿年里是如何动态演化和轰击太阳系世界的。虽然与行星尺度的碰撞相比，这里讨论的撞击通常涉及有限的质量，但它们对于破译关键问题至关重要，例如巨行星迁移不同时期的性质，太阳系世界的原始历史，小天体种群的大小和轨道分布，所述种群的碰撞历史，以及受撞击影响的地球和其他生命栖息地的天体生物学历史。

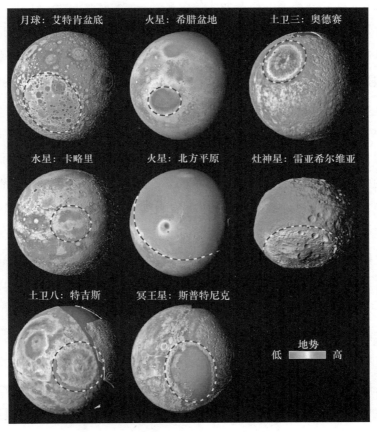

图5-2 太阳系一些天体上的撞击结构

5. 固态天体内部和表面

固体内部是如何进化的，这种进化又是如何记录在天体的物理和化学性质中的？固体表面是如何通过表面下、表面和外部过程成形的？

行星的表面和内部就像是织锦画，每一个天体的历史都编织在上面。人们主要关注的是"固体"天体，即那些主要是固体和整体的天体，不包括碎石堆小行星、彗星以及气体/冰巨行星。而类地行星、冰卫星、大型小行星、跨海王星物体和彗星都有记录其演变的表面和内部。本书的前两个问题涉及行星内部的基本原理：存在什么样的内部结构，以及它们如何随着时间的推移而演变。接下来的三个问题涉及行星表面的演变，特别是它们是如何被内部、表面和外部过程所改变的。最后，讨论当今活动的特殊情况。这是故意与其他问题分开的，因为用于探测活动过程的测量技术（例如，地震学、雷达干涉测量）与过去的地质过程调查有着根本的不同。

6. 固态天体大气、外逸层、磁层和气候演变

什么建立了固体大气和外逸层的特性和动力学？什么控制着物质向空间的损失以及大气与地表和内部之间的交换？为什么行星气候会演变成现在的各种状态？

星云吸积过程产生了各种各样的行星和卫星，最终演变成我们今天观察到的行星和卫星。着重于这些天体的大气层，特别是那些具有固体表面的天体，包括四颗类地行星、各种卫星和矮行星（如冥王星）。气态和冰态巨行星将在问题 7 中介绍。这里讨论的大气包括稠密的大气（例如，金星、地球、土卫六和早期的火星），主要由气压平衡控制的大气（现在的火星、海卫一、冥王星和其他一些柯伊伯带天体），以及无碰撞的外逸层（例如，水星和月球）。碰撞大气也有外逸层，将它们与接近真空的太空分开。在一些使用场景下，"大气"一词包括这些外逸层。对行星大气的研究对于了解整个太阳系过去和现在的可居住性至关重要，包括导致早期地球生命出现的生命前过程。它还提供了自然实验室，我们可以用它来更好地了解控制地球过去和现在气候的过程。

固态天体的大气是如何形成的？为什么其中一些最终形成了致密的大气，而另一些却没有？哪些过程促成了大气的积累，哪些过程导致了大气的损失？在有大气层的固体上，气候是如何演变的？除了地球之外，它们中是否有能够维持生命的？

大气也在各种较短的时间尺度上发生变化，从每日到季节再到轨道周期。一些变化与太阳强迫的变化密切相关；而另一些变化（如火星上的沙尘暴，或金星云甲板上二氧化硫丰度的变化）是偶发的，鉴于目前对这些大气的了解有限，很难预测。需要进行长期观察，才能在理解造成这种变化的过程方面取得进展。进一步的变化（如火星上的极地层状沉积物，或土卫六上半球之间的甲烷湖的迁移）发生在更长的时间尺度上，但仍然可以通过测量当前条件或通过观察几十年的变化来了解这些变化过程。

关于目前固体行星和卫星的大气层，还有许多未解之谜。金星云层中的紫外线吸收和对火星大气中甲烷的报道是如何解释的？土卫六上厚厚的有机雾霾的具体组成是

什么？液态甲烷是如何在土卫六的低层大气和地表/近地下之间循环的？挥发物是如何在像海卫一和冥王星这样以冷凝-升华流动为主的天体上迁移的？挥发物如何以及在多大程度上在外逸层内迁移，比如在水星和月球上的迁移？是什么驱动了金星和土卫六上的大气超旋转，或者是火星和土卫六上的沙尘暴？大气如何与空间环境相互作用，这种相互作用是如何通过电离层和磁层的存在介导的？这些只是关于现在太阳系中行星和卫星的大气层的一系列有待回答的迷人问题中的几个。

7. 巨行星的结构和演化

什么过程影响巨行星内部、大气和磁层的结构、演化和动力学？

除太阳外，巨行星占太阳系总质量的99.5%，占太阳系总角动量的96%。它们是太阳星云盘吸积的最大残留物，在形成太阳系的整体结构方面发挥了重要作用。每一颗巨大的行星都拥有一个类似于微型太阳系的系统，包括一个巨大的、有时很复杂的行星磁场，以及各种各样的卫星和环。每个行星系统都是独特的，是共同的和不同的形成和演化过程的复杂副产品。比较富含氢的气态巨行星（木星和土星）和中等大小、重元素丰富的冰质巨行星（天王星和海王星）之间的行星学，对于理解支配现在它们内部、大气和磁层的过程至关重要。时间分辨多波长遥感，现场大气、引力和磁层测量，为揭示巨行星世界的性质提供了必要的工具。对巨行星的研究为理解广泛的天体物理对象提供了科学模板。已知的系外行星中有很大一部分属于巨型行星，在这些行星中，冰巨星似乎是银河系中特别丰富的亚类，但人类对其组成和结构仍然知之甚少。

8. 环绕行星系统

什么过程和相互作用建立了卫星和环系统的不同特性？这些系统如何与宿主行星和外部环境相互作用？

环绕行星系统——由卫星和/或环围绕中心天体运行的系统——在整个太阳系中都可以看到，在某些情况下类似于具有众多不同轨道天体的迷你太阳系，土星及其环绕系统如图5-3。这些系统的一个显著特征是耦合相互作用的重要性，由于环行星轨道的紧凑性、较短的轨道周期以及相对较近的月-月和月-环轨道分离，耦合相互作用可以在较短的时间尺度上发生，并且比绕太阳运行的天体具有更大的影响。例如，虽然潮汐耗散是整个太阳系的一个普遍过程，但在环绕行星系统中，它的强度和重要性更高，因为它可以驱动卫星内部大量和持续的加热和活动（在某些情况下导致活火山活动、地下海洋、羽流和独特的构造特征），以及大量的月球轨道迁移和相关的通过轨道共振。其他值得注意的耦合过程包括行星磁场与卫星固有场和/或其感应场的相互作用，从嵌入卫星向行星磁层提供等离子体和中性物质，以及行星磁层内影响与嵌入卫星和环相互作用的物质的复杂动力学。从卫星中逸出的碰撞抛射物和溅射粒子通常会继续围绕行星运行，并可能重新聚集或撞击到邻近的卫星和环上，影响表面成分和性质。由于潮汐、强大的引力聚焦和宿主行星引力设定的高撞击速度，内卫星在它们的历史中特别容易受到破坏。被破坏的卫星可能会形成环，并随后发生反应，重新设置卫星的热状态和物理状态。环系统由于靠近行星而保持分散，提供了一种独特的方法来研究各种问题，包括自碰撞颗粒盘的演变（类似于早期的原行星和绕行星盘），环-卫星和环-行星引力相互作用和由此产生的波特征，碰撞驱动的环物质扩散，以及随着环物质远离行星而不断积累成新的卫星。在一些环绕行星系统的外缘是不规则的卫星，其复杂的数量受到太阳和主行星引力的强烈影响，并可能记录这些相互作用。

图 5-3　土星的环

9. 陆地生命的透视

什么条件和过程导致了地球上生命的出现和进化？地表、地下和/或大气中可能的代谢范围是什么？这如何帮助我们了解其他地方存在生命的可能性？

天体生物学是研究宇宙中生命的起源、演化、分布和分布的一个整体领域,其研究对象如图 5-4。行星科学和天体生物学跨越生命科学和物理学等多学科,研究了生命和环境的相互依赖和共同进化。宜居性是指一组能够维持生命的环境条件。《天体生物学策略》的建议中定义的动态可居住性指出,多种参数的综合影响决定了生命是否能够出现和持续存在。尽管一个或多个参数可能会在生命的规范限制之外变化,但它们的综合影响导致了环境是否适合居住。

图 5-4 天体生物学研究的对象

关于地球历史和生命史上的主要里程碑,从化石和化学特征中辨别出的最早生命的性质,以及生命进化和关键代谢的途径和时间,有广泛的文献和讨论。通过理论、实地和实验调查,持续研究地球的物理化学性质、地质历史、可居住性和生命的进化,为太阳系和宇宙的行星和天体生物学探索提供信息和启发。到目前为止,地球是我们唯一的、用来衡量一个有人居住的世界的构成的参照点。生物前分子如何与环境共同进化，从而在这个星球上产生生命，仍然是一个活跃的研究领域。实地和实验室的研究，以及对天体材料的分析，揭示了从非生物化学反应到生物化学的条件和过程。重要的是，我们应当注意到，我们对地球上生命的理解继续迅速发展要归功于生命在多极端环境中生存甚至繁衍的能力的改变范式的发现。最近的发现表明，生命可以存在于无数种极端环境中，包括地下、冰冷、超热和缺水的区域，具有以前未被认识到的一系列代谢策略，能适应快速变化的条件和灾难性事件，以及长时间的静止和隔离。从地球生物圈的起源到现在，这种对地球生物圈的不断发展的认识，直接影响着人类在其他地方寻找生命的努力。

陆地生命的多样性及其对不同水平的营养和能量供应、运输和通量的反应的可塑性，为地球以外可居住环境中可能存在的生物圈的可探测性提供了信息。从陆生生物的生物化学、结构和生理学，以及它们如何在漫长的时间里进化中获得的经验，是开发寻找其他世界生命证据的综合框架的基础。这些框架基于我们对地球生命的了解，但并不代表所有生命都必然遵循人类模式的假设。未来十年，人们对天体生物学的主要活动将集中在建立强有力的生命迹象识别框架上，但同样要区分生命与非生命特征、假阴性和假阳性，并通过验证更全面的生命不可知性特征来提高探测，而不管其起源或分子组成如何。

10. 动态宜居性

太阳系中哪些地方存在潜在的宜居环境？哪些过程导致了它们的形成？行星环境和宜居条件是如何随着时间的推移共同进化的？

过去几十年里，对地球生物圈的探索扩大了我们对有液态水、营养物质和维持生命的能源的环境范围的认识。与此同时，对行星的探索已经揭示了太阳系中多个古代和现代的潜在宜居环境。对行星宜居性的研究需要了解控制宜居性的因素，环境变得宜居的进化途径，以及维持、增强、减弱甚至消灭宜居性的过程。人们逐渐认识到，可居住性不是一个是/否的命题，而是一个连续的命题。随着时间和空间的变化，行星环境如何从适合居住转变为不适合居住，或者相反。恒星、动力和行星进化之间的反馈和相互关系推动了环境变化和可居住性的变化，如图5-5。生命本身也可以改变环境及其宜居性。通过研究太阳系天体过去、现在和未来的进化轨迹，了解它们的动态可居住性，为研究太阳系外潜在的可居住世界奠定了基础。

图 5-5 动态宜居性

11. 在其他地方寻找生命

在地球以外的太阳系中，是否有过去或现在存在生命的证据？我们如何探测到它？

基于对地球生命的认识和我们对其他地方宜居环境多样性的理解，以及生物特征探测技术的重大进步，人们准备在太阳系中对地球以外的生命进行严格、系统的搜索。在伽利略彻底改变了我们对人类在宇宙中位置的认识的400多年后，我们这一代人可能会引发另一场科学革命，这一次是在生物学上。寻找生命的证据是我们对行星环境理解的系统性进展的一部分，包括详细的环境特征。精心设计的生命探测活动弧线有助于扩大我们对行星环境的了解，无论是否发现了生命的证据。在过去的十年里，地球以外的宜居环境（包括过去的和现在的）被确定，为天体生物学的探索提供了丰富的世界光谱。这些环境为我们提供了宝贵的机会，让我们能够探索生物化学的本质，以及可能与地球上生命形式不同的生命起源。例如，土卫二具有维持生命的条件，如图5-6。因此，我们或许可以发展一种生命系统的通用理论。在未来十年，生物特征搜索将通过新的任务、技术和数据分析方法来研究行星系统，这将受到我们对可检测生物特征的栖息地和生物化学范围不断扩大的知识的影响。需要一个全面的框架来解释潜在的生物特征、非生物特征、假阳性和假阴性，并促进解释中的信心和共识。这个框架需要利用过去在地球和行星环境和物质中寻找生命迹象的经验，以改进我们的数据解释方法，以及如何在行星科学界和公众中传达和评估结果。我们对地球生命的理解为研究地球生命特征与原始生命的对比提供了一个起点。关键研究领域还包括寻找和识别与生命分子组成或代谢无关的潜在生物特征，以及研究可能定义非生物基线和/或模拟生物特征的非生物过程和现象的特征，影响生物特征的可靠性。同时，扩大搜索范围，包括"不像我们所知道的"生命的可能性，需要进一步的技术和概念成熟，包括统计方法、比例定律、信息论和概率方法的进步。理解地球化学环境和生命起源途径之间的关系需要不同学科之间的合作，这些学科超越了传统的平台，包括地球化学、大气化学、地质学、地球物理学、天文学、任务科学和工程学以及天体生物学等。

图 5-6　土卫二具有维持生命的条件

12. 系外行星

我们的行星系统及由卫星和环组成的环绕行星系统揭示了关于系外行星系统的什么信息？环绕恒星盘和系外行星系统能告诉我们关于太阳系的什么信息？

在过去的十年里，我们对其他恒星周围的行星系统、行星形成的条件以及系外行星惊人的多样性和丰富性的了解都有了极大增长。这些进步得益于系外行星的发现、部分由新设备提供的突破性观测，以及从行星探测到对单个行星的详细研究和表征的进展。已经发现的一些系外行星系统如图5-7，对年轻恒星周围原行星盘的观测开始揭示整个行星的形成过程，从最早的颗粒堆积到大团块，再到不断增长的原行星的吸积。与太阳系科学相比，系外行星的观测方法截然不同。原行星盘的高分辨率图像显示了薄盘和多个环和间隙的证据，其中一些是由于形成行星的存在。在年轻的恒星PDS 70周围发现了两颗吸积行星，并有证据表明PDS 70c周围有一个环绕行星的圆盘。直接成像的行星系统的轨道运动可以精确地跟踪，就像绘图座β和HR 8799的情况一样。我们已经发现，在我们的银河系中，行星比恒星还多，例如比邻星b，这是一颗质量相当于大约3个地球质量的行星，在离太阳最近的恒星的"可居住带"内运行。对大量系外行星的统计学研究已经导致了几个更深入的理解，包括认识到许多小质量行星拥有氢大气层。观测技术的进步将使我们能够发现更多的系统，如即将问世的南希·格蕾丝·罗曼太空望远镜，将对单个系外行星进行进一步的描述。总的来说，在系外行星形成和成熟阶段对它们进行成像的能力，表征这些系外行星及其大气

图 5-7 已发现的一些系外行星系统

的能力，以及 5500 多颗系外行星（数量还在不断增加）的巨量数据，为我们提供了新的机会来了解宇宙中的行星系统，并将它们与太阳系行星进行比较。

5.2 类地行星

类地行星是由具有坚硬表面的岩石或金属组成的类地行星，它们还具有熔融的重金属核心，很少的卫星以及山谷、火山和陨石坑等拓扑特征。在我们的太阳系中，有四颗类地行星，它们也恰好是距离太阳最近的四颗行星：水星、金星、地球和火星。

一、水星

水星距离太阳 0.387 AU，公转速度为 56 600 m/s，在太阳系天体中是最快的。水星的 1 天 =58.63 个地球日，1 年 =87.97 天，在水星上可以说是"度日如年"。水星表面的最高温度达 427℃，最低温度是 –173℃。水星的比重比较高，估计水星内部含铁量大约 70%。水星的地形地貌如图 5-8。

图 5-8 水星地形地貌

过去十年，人类探测水星有众多重要发现，列举如下：

1. 水星是一个挥发物丰富的星球。与先前的预测相反，尽管水星离太阳更近，但在中等温度下蒸发的元素在水星上的浓度比金星或地球上要高，与火星上的含量相当。此外，在水星的硅酸盐地幔中，高丰度的硫和低丰度的铁表明，这颗行星形成时的氧气比太阳系内部的其他天体要少，这为我们了解陆地世界的构成和形成提供了线索。

2. 信使号揭示了水星的偏移磁场和动态磁层。水星巨大的金属核心产生了一个轴向偶极磁芯发电机磁场，由于其相对于地球的强度较低，并且偶极中心向北偏移了大约20%的行星半径，所以这是一个神秘的磁场。水星磁场和太阳风之间的相互作用会产生电流，从而诱发外部磁场。水星上的动态磁层具有与行星磁场一样大的感应外场，是探索磁层物理和外逸层的独特天然实验室。

3. 水星两极附近的永久阴影区域拥有丰富的水冰。据预测，水星上许多水冰热稳定的地区似乎都有这样的冰沉积物，要么在相对纯净、厚实的表面，要么在富含有机物的滞后沉积物下面。这些沉积物的起源尚不清楚，但水冰可能是由彗星、小行星或微流星体、太阳风或水星内部的气体带来的。

4. 火山活动在塑造水星表面的过程中发挥了关键作用。水星最古老的表面含有高丰度的碳，可能是早期岩浆海洋中原始石墨浮壳的残余物。然而，水星的大部分表面随后被大量的熔岩所覆盖，这些熔岩的成分各不相同。这表明水星表面的地球化学地形多种多样，暗示了水星内部的不均匀性。

二、金星

金星与地球大小很接近，因此有"地球的姊妹星"之说，但二者的差别可以说是"一个是地狱，一个是天堂"。

金星距离太阳 0.72 AU，表面压强为 92 个大气压，表面温度为 462ºC，大气层的主要成分是二氧化碳（约 96%）。金星表面如图 5-9。

我们对金星大气的化学成分知之甚少。其中关键的化学相互作用包括硫、氮、氢和氧之间的相互作用，这些相互作用是由太阳辐射（也可能是闪电）驱动的。高层大气反射阳光，遮挡了我们对于地层大气和地表岩石的探测。但大部分云的大小分布、形状和组成仍未确定。其他类似的谜团比比皆是，包括金星大气中的有机化学是否能产生足够的营养物质来支持空中生物圈——这是几十年来基于金星大气中相对温和条

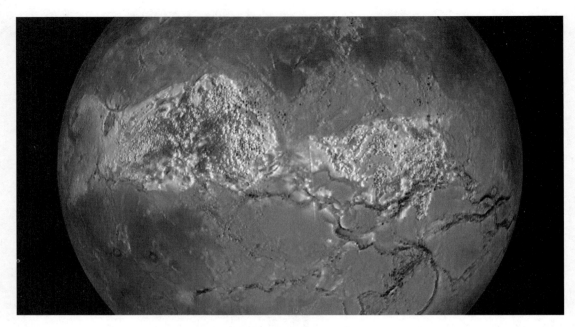

图 5-9　金星表面

件的猜测焦点。考虑到 2020 年有报道称在金星大气中发现了磷化氢，这个问题就显得更为重要了。

大气的化学组成将为我们解开金星之谜提供另一个关键的线索：这颗固体行星本身的地质历史。重惰性气体氙、氪和氩以及它们的同位素的丰度（对这些气体的测量是未来大气探测器的一个关键目标）可以直接追溯到金星内部火山脱气的历史，甚至可以追溯到构成金星的成分。当然，对金星大气中二氧化硫的测量，特别是这种气体的丰度如何随时间变化，将有助于评估正在进行的火山活动强度。

过去十年金星探测的重大发现如下：

1. 金星可能是一个地质活跃的星球。一些证据表明，现在的金星上仍有火山活动，而金星的构造变形记录说明了最近甚至可能正在发生变形。

2. 模型显示，年轻的金星表面与数十亿年来的宜居状态相一致。新的气候模型表明，直到 10 亿年前，在几次同时发生的大型火山爆发导致金星进入失控的温室状态之前，金星的地质条件都可能与现代地球类似。

3. 系外行星的发现激发了对金星的新一轮探索。正在进行的大型岩石系外行星的探测，特别是那些适合其大气特征的系外行星，越来越要求我们更好地了解第二颗行星的大气特性和气候历史。

三、火星

火星的直径是 6792 km，到太阳的距离为 1.5 AU，公转周期是 687 天，自转周期为 24 h 40 min。

火星的大气层非常稀薄，大气压不到地球的 1%。就是在这样稀薄的大气中，二氧化碳却占 95.3%。

过去十年火星探测的重大发现如下：

1. 在盖尔陨石坑的湖泊沉积物中检测到有机物。"好奇号"火星车从沉积岩中获得的数据显示了与火星火成岩陨石数据相似的证据（碳质有机物的外源流入，和火星上合成或改变有机物的化学反应），表明火星上过去存在可居住环境中的原生有机物。

2. 存在大量的中纬度水冰沉积物。虽然它们形成的方式和时间尚不清楚，但直接成像、雷达测量和陨石坑形态分析表明，火星北部低地的大片地区在地表以下几米处有数百米厚的冰盖，保存了相当大的水库和火星气候变化的重要记录。

3. 可能存在当前或最近的近地表液态水。近地表岩石和沉积物中盐的富集，以及随着温暖温度的季节性变化的特征表明，即使在现代寒冷干燥的气候条件下，少量液态水也可能在塑造火星地质方面发挥作用。

4. 古代火星遍布着多种类型的宜居环境。来自轨道飞行器和漫游者的数据揭示了湖泊、河流、干盐湖、地下水系统和热液系统的证据，这些系统在数千个地点的岩石记录中保存着不同的温度和水化学成分，环境多样性与地球相似。

5. 火星极帽中 1000 m 厚的水冰和二氧化碳冰层形成于不到一千万年前。对极地沉积物的新雷达分析和气候模型表明，火星两极的大部分冰层厚度并不是几十亿年前形成的，而是最近气候变化的产物。

6. 水和二氧化碳向太空的损失以及地壳矿物的封存是火星大气和气候演变的主要因素。宇宙飞船的测量与模型相结合表明，火星的气候变得更加干燥和寒冷，因为挥发物逃逸到太空中，并被封存在地壳中的矿物质中。与地球和金星上挥发物的进化相比，这表明火山和构造过程在补充挥发物、调节行星气候和长期可居住性方面的重要作用。

7. 探测火星地震及其用于探测火星内部结构。洞察号着陆器的数据记录了频繁的火星地震，最高震级为 4 级，这使得探测火星内部结构成为可能，揭示了厚厚的断裂地壳、地幔结构，以及包含相当一部分轻元素的液态核心。

8. 发现了古老的富含碱硅的火成岩。来自轨道飞行器对盖尔陨石坑的探测数据表明，在火星上发现的不仅有玄武岩，还有高碱性、高硅质岩石，表明岩浆分化程度较高。

9. 火星仍然很活跃。现代火星上发生的动态活动比以前所知的要多，包括沙丘的迁移，反复出现的斜坡线的形成，变化的冰地貌、甲烷等。

5.3 气态巨行星

气态巨行星包括木星和土星。这两颗行星的共同特征包括：大气层厚重，主要由氢和氦等物质组成，密度很低；自旋快；有环；卫星多，木星有95颗，土星有146颗。木星的大红斑和土星绚丽多彩的环是它们的独有特征，如图5-10。

气态巨行星的大气是研究动力学、气象学、化学和云形成之间相互作用的天然行星尺度实验室，代表了外部磁层和隐藏的深层内部之间的过渡区域。这些大气处于不断运动和变化的状态，根据漫长的季节周期和气象现象，将能量和物质从一个地方输送到另一个地方。它们的深层大气的特点是云层、成分和温度的水平带，由东西风组织，并被壮观的漩涡和风暴打断。它们无云的平流层被甲烷气体吸收的阳光加热，平流层与外部行星环境相互作用，来自"环雨"、微流星体，甚至大型撞击的物质将水和其他外部物质沉积到平流层。在与热层和电离层混合的平流层的上边缘，能量也以从磁层流入的带电粒子的形式沉积下来，其中一些产生了微妙的极光模式。平流层和热层的环流会随着纬度的变化重新分配这些能量。

木星和土星的卫星是人类非常关注的探测目标，因为木卫二、土卫二和土卫六具有比较明显的维持生命存在的条件。

过去十年木星和土星探测的重大发现如下：

1. 木星和土星有稀释的核心，而不是模型假设的小而明确的核心。从卡西尼号在土星的最终轨道和朱诺号在木星的高倾角轨道获得的重力数据显示，这两颗行星的深层内部结构并不像大多数模型所假设的那样泾渭分明。更确切地说，它们可能有富含重元素的延伸外壳。人们需要新的巨行星形成和演化模型来解释这一点，同时需要天王星和海王星的类似数据来理解这是否普遍。

图 5-10 木星

2. 木星和土星的带状结构深入大气，但木星的极地气旋与土星的极地六边形非常不同。朱诺号的发现表明木星可能有深风，卡西尼号的结果也表明土星有深风。实验室和数值研究表明，环极射流可以根据风场的垂直结构和深度形成涡街或多边形。然而，由于它们都有深层结构，朱诺号观察到木星的两极有气旋；而土星没有，这是令人惊讶的，可能是由于当地环境的微妙差异。

3. 与木星不同，土星的环月系统随着时间的推移发生了巨大变化，而且这种变化是持续的。卡西尼号对土星环的长期探索揭示了新的小环、尘埃含量的变化、垂直特征、波浪以及与许多卫星的动态相互作用。一些环卫星显示出赤道脊形式的吸积证据，比如在达芙妮、潘和阿特拉斯上。

4. 木星上的磁黑子（如太阳黑子）、土星的磁场惊人地对称。朱诺号对木星磁场的测绘发现，赤道附近有一块强度很强的磁场区域，且长期变化很大。相比之下，卡西尼号对土星磁场的映射显示出强烈的轴对称，但磁赤道会从行星赤道向北移动。

5. 木星上的氨丰度随着深度和纬度的变化而变化，这表明剧烈的风暴和大型氨"蘑菇"将氨带入云底以下的大气深处。人们认为，木星的云层下有一个混合良好的对流层，但朱诺号的数据显示，氨随着纬度和深度的变化而变化；它只在狭窄的低纬度带中混合得很好。结合对闪电的观测，理论上认为雷暴中富含氨的冰雹将氨带到比预期更深的大气中。

6. 土卫六的极地海洋很深，主要成分是甲烷。由于极端的表面温度（约 95 K），以及丰富的大气碳氢化合物，土卫六的海洋主要由甲烷和乙烷组成。卡西尼号的雷达系统绘制了其中最大的一片海洋，发现其深度约为 160 m。

5.4 冰巨星

冰巨星是巨大的行星，如它们主要由比氦和氢重的元素组成，例如硫、氮、碳和氧。太阳系包含两颗冰巨星——天王星和海王星，它们也是距离太阳最远的两颗行星。冰巨星与气态巨行星不同（图 5-11），气态巨行星主要由气体组成，尤其是氢和氦，并含有极少量的重元素。20 世纪 70 年代，天文学家发现天王星和海王星也主要由气态化合物组成后，认为它们和木星、土星一样是气态巨行星。然而，在 20 世纪 90 年代，人们发现海王星和天王星的核心都是由冰化合物组成的，这两颗行星随后被标记为冰巨星。尽管如此，但天文学家认为，这两颗行星的云层下方都含有超临界水海洋，其质量占行星总质量的三分之二。

冰巨星的特征是主要由硫、氮、碳和氧组成，这些元素是宇宙中最丰富的元素。氢只占冰巨星质量的不到 20%，并且缺乏产生金属氢核那样大的压力所需的深度。

深入研究冰巨星具有重要的意义。冰巨星是太阳系中仅剩的尚未全面探索的行星类型。虽然人们通过地面和地球轨道的望远镜对冰巨星进行了一些观测，但那只

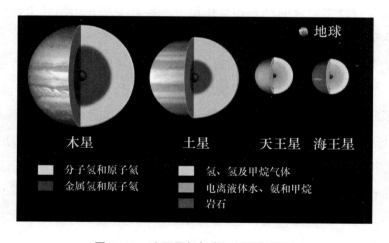

图 5-11　冰巨星与气态巨行星的差别

能了解一些表面情况。冰巨星具有奇特的内部结构和动态，寒冷的大气、复杂的磁层结构、地质丰富的冰卫星以及精致的行星环，提供了丰富的发现潜力，它们独特的性质可能是解开太阳系内外行星起源之谜的钥匙，代表了我们对行星形成的理解中"缺失的一环"。

过去十年天王星和海王星探测的重大发现如下：

1. 天王星和海王星十分活跃，如2014年天王星大爆发，天王星季节性极罩变亮，频繁和短暂的海王星黑斑。原来预计2007年天王星在春分前后会有更多的季节性风暴，然而，在那以后观测到的明亮云爆发要多得多。这挑战了关于太阳日晒和天王星对流的观点。此外，2015年和2018年在海王星上发现了新的黑点。

2. 大型反气旋形成的周期：新的风暴每隔几年就会发生，持续3～5年。

3. 在天王星和海王星中观测到过量的CO和HCN。

5.5 小天体

小天体是横跨整个太阳系的由岩石组成的冰冷的世界，如图5-12。最常见的是小行星和彗星，它们的主要储存库包括小行星带、特洛伊种群、海王星外区域和奥尔特云。可能撞击行星的小天体群，如近地小行星和彗星，随着时间的推移，将在主要储存库的动态过程中不断得到补充。小天体还包括大多数陨石前体和行星际尘埃颗粒。小天体在大小、轨道、组成和物理性质上的多样性为大天体的研究提供了独特的科学机会。首先，许多小天体自形成以来只经历了最少的过程，它们的轨道是通过早期的动力学过程确定的，所以它们是太阳系起源和演化的遗迹。其次，小天体本身就是迷人的世界，其地质、地球物理和地球化学的历史与大天体的历史截然不同。最后，在太阳系的历史上，许多小行星撞击了行星，产生了有益的影响，比如带来了水和有机物；也产生了有害的影响，比如破坏了已有的环境。

我们对外太阳系小天体的认识也取得了重大的进展，这主要是由观测调查推动的。近三分之二的已知海王星外天体是在过去十年中发现的，这一惊人的统计数据表明，我们对这一群体的认识是多么新。一些已经发现的海王星外天体的轨道运行距离超过1000天文单位，比海王星到太阳的距离远30多倍。与海王星的引力相互作用导

图 5-12　小行星带和几种典型的小行星

（下图出处：https://www.universetoday.com/32459/asteroids/#google_vignette）

致一些物体进化到与巨行星交叉的轨道上，产生了半人马座天体；木星和海王星之间的过渡物体，成为木星家族的彗星。最遥远的海王星外天体的轨道似乎有一条轨道对齐，这种排列被认为可能是由于一颗尚未被发现的巨型行星的存在，它可能比地球大几倍。据推测，这颗行星将在比海王星远 10 倍的椭圆轨道上运行。虽然观测研究已经开始，但未来十年的调查可能会带来更多的证据来支持或反驳目前的假设。

近十年来，小天体探索的一个亮点是对跨海王星天体阿罗科斯的探索。2014 年，哈勃太空望远镜发现了阿罗科斯（图 5-13），这是新视野号任务第二次飞越冷经典跨海王星区域的最佳目标。冷经典区域被认为没有受到巨行星迁移的干扰，并且在原地形成，因此它们应该代表原始的星子，其性质可以用来探测原始跨海王星地区的最早时代。然而，从地面的恒星掩星运动中，所能确定的只有阿罗科斯有一个大约 36 km 长的复杂形状。

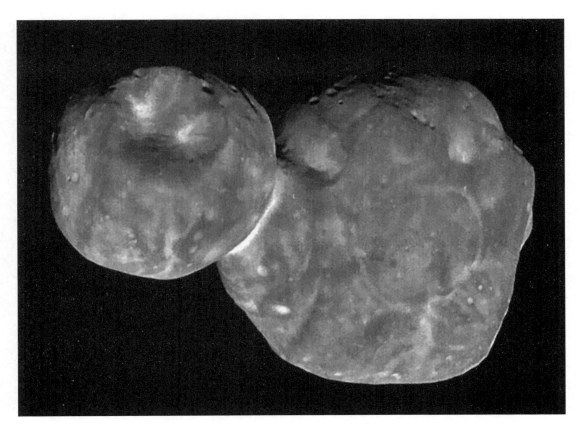

图 5-13　小行星阿罗科斯

第六章
恒星演化

6.1 恒星及分类

一、什么是恒星

恒星是一个发光的气体球，主要由氢和氦组成，由自身的引力聚集在一起。其核心的核聚变反应支持恒星抵抗重力，并产生光子和热量，以及少量较重的元素。太阳是离地球最近的恒星。

宇宙中恒星质量的范围非常大，小到0.05个太阳质量，大到太阳质量的120倍。密度相差极大，最低为太阳的几亿分之一，最高为太阳的几十万亿倍。

恒星的颜色取决于它的温度。温度高的恒星发出更蓝的光，温度低的恒星发出更红的光。温度也与质量相关，红矮星的质量只有0.075倍太阳质量，表面温度低于4000 K。

二、恒星分类

通常，恒星分类的方法有两种：按光谱划分，或根据在赫罗图中的位置分（涉及大小、亮度和温度）。

恒星光谱中存在的吸收特征，使我们能够根据恒星的温度将恒星分为几种光谱类型。

人们今天使用的方案是哈佛光谱分类方案，该方案是在19世纪末由哈佛大学天文台开发的。最初，根据恒星光谱中氢谱线的强度，恒星被划分为A型到Q型。然而，后来人们意识到这两种类型之间有明显的重叠，一些字母被删掉了。如果B在A之前，O在B之前，其他光谱特征的连续性也会得到改善，最终得到的光谱序列为OBAFGKM，如图6-1。其中G型星还有两种变种类型R和N，K类有一种变型S，如图6-2。后来，每个光谱型又分为10个次型，用数字0~9表示，如B0，B1，…，B9。哈佛系统是一元分类系统。二元分类系统（MK系统）仍采用哈佛系统的光谱型，但增加了光度型，分为7级：Ⅰ——超巨星，Ⅱ——亮巨星，Ⅲ——巨星，Ⅳ——亚巨星，Ⅴ——主序星（矮星），Ⅵ——亚矮星，Ⅶ——白矮星。按照MK系统，太阳为G2V型星，表明太阳的光谱型是G2，且是一颗主序星（矮星）。

类型	O	B	A	F	G	K	M
温度（K）	≥30000	10000~30000	7500~10000	6000~7500	5200~6000	3700~5200	≥3700
颜色	蓝	蓝到蓝白	白	黄白	黄	橙	红
质量（太阳为1）	≥16	2.1~16	1.4~2.1	1.04~1.4	0.8~1.04	0.45~0.8	≥0.45
半径（太阳为1）	≥6.6	1.8~6.6	1.4~1.8	1.15~1.4	0.96~1.15	0.7~0.96	≥0.08

图6-1 恒星光谱

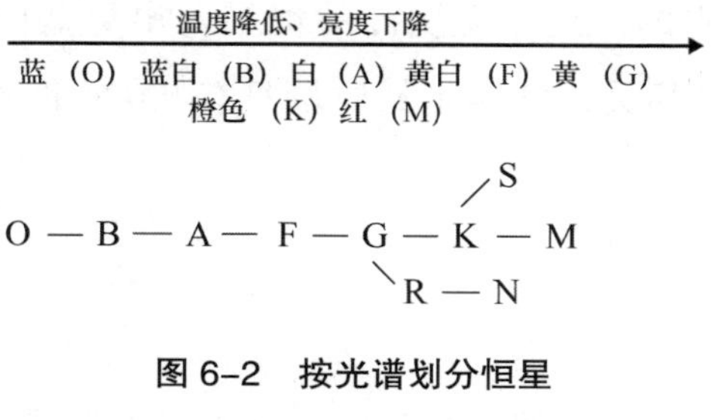

温度降低、亮度下降 →
蓝（O）蓝白（B）白（A）黄白（F）黄（G）橙色（K）红（M）

```
              S
             /
O—B—A—F—G—K—M
             \
              R—N
```

图6-2 按光谱划分恒星

这个顺序是从最热的恒星到最冷的恒星依次排列的,为了便于记忆,有人编了一句俏皮话:

Oh, Be A Fine Girl, Kiss Me!
(Right Now, Smack)

另一种方法是根据恒星在赫罗图(HR)中的位置分(图6-3)。赫罗图是研究恒星演化最重要的工具之一,在20世纪初由赫茨普龙和罗素独立开发,绘制恒星的温度与光度,或者恒星的颜色与它们的绝对星等。根据初始质量的不同,每颗恒星都会经历由其内部结构和产生能量的方式决定的特定演化阶段。这些阶段中的每一个都对应着恒星温度和亮度的变化,随着恒星的演变,可以看到它们在HR图上移动到不同的区域。这揭示了HR图的真正作用——天文学家可以通过确定恒星在图中的位置来了解恒星的内部结构和演化阶段。

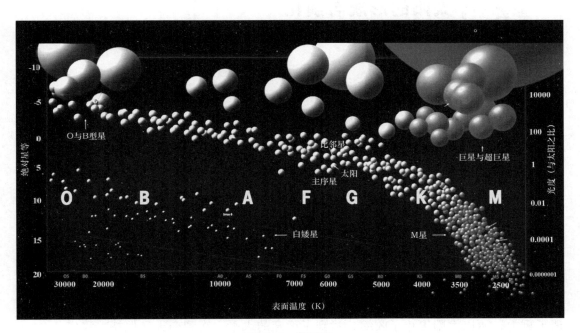

图6-3 赫罗图

根据恒星在赫罗图中的位置,可以将恒星分为三大类:主序星,巨星与超巨星,以及暗淡的、实际上死亡的恒星。

赫罗图左上方到右下方的对角线称为主序带,主序带中的恒星称为主序星;它们的体积小,也称矮星。主序星化学组成均匀,核心由氢燃烧变为氦。当中心的全部氢都燃烧完时，就结束主序演化阶段。主序星的演化是准静态的变化，90%以上的恒星是主序星，太阳就是典型的主序星。

主序星包括黄矮星和红矮星。黄矮星是小的主序星，比如作为黄矮星的太阳，光谱分类是G2V。红矮星是相对小的恒星，质量为0.075～0.5太阳质量，非常暗淡，温度低于4000 K。红矮星是最普通的恒星，在光谱分类方面属于K或M型。

红巨星（Red giant）是相对老的恒星，直径比其初始状态大100倍，表面温度低于6500 K。蓝巨星（Blue giant）是巨大、非常热的蓝色恒星。超巨星（Super giant）是目前所知最大的恒星。这些恒星死亡时，可能变成黑洞。

暗淡的、实际上死亡的恒星包括白矮星、褐矮星、中子星和脉冲星。

6.2 太阳的形成与演化

一、太阳是怎样诞生的

星云是宇宙尘埃、氢、氦和其他电离气体聚集的星际云。大多数星云都很大，有些星云直径达数百光年。星云通常也是恒星形成的区域，在这个区域形成的气体、尘埃和其他物质聚集在一起，形成密度更大的区域，吸引更多的物质，最终密度足够大时，形成恒星。第一颗恒星诞生于大爆炸之后大约4亿年。恒星形成后剩下的物质被认为是形成行星和其他行星系统的物体。

太阳形成于45.7亿年前，当时一团相对较冷的稀薄气体开始坍缩。这很可能是由附近的超新星引起的。随着它的收缩，内部温度开始上升，直到大约500万到1000万摄氏度，核反应开始在质子-质子的循环中把氢转化为氦。试图逃逸的能量抵消了重力，所以太阳停止了收缩，达到了稳定的水平，直到今天还保持着稳定。

二、太阳从主序星到红巨星的演化

太阳也和人一样，随着年龄的增长而变化，最终会死亡。对人来说，衰老的原因是生物功能的退化。对于恒星来说，其原因是不可避免的能源危机，因为它开始耗尽核燃料。

第六章 恒星演化

自从 45 亿年前诞生以来，太阳的光度已经缓慢地增加了大约 30%，这是一种不可避免的进化，因为随着数十亿年的流逝，太阳正在燃烧其核心的氢。氦"灰烬"留下的密度比氢大，所以太阳核心的氢/氦混合物正在非常缓慢地变得更密集，从而提高了压力。这使得核反应的温度也缓慢升高，对于我们而言，也就是太阳变亮了。

这个变亮的过程一开始非常缓慢，因为在恒星的中心仍然有足够的氢可以燃烧。但最终，核的燃料会严重耗尽。无论密度如何增加，其能量产量都会开始下降。当这种情况发生时，核心的密度进一步增加，因为没有热源来帮助它抵抗重力。核心唯一可能的反应方式就是收缩，直到它的内部压力高到足以支撑整个恒星的重量。然而，恒星中央燃料的清空将会使恒星更亮，而不是更暗，因为核心表面的巨大压力导致那里的氢会燃烧得更快。这足以弥补燃料耗尽的中心所造成的松弛。因此，这颗恒星不仅继续变亮，而且还在加速变亮。

太阳正处于一个漫长的转变过程的一半，从氢在其中心的核中燃烧的模式转变为氢在一个球形壳中燃烧的模式，这个球形壳包裹着一个非常热，非常密集，但非常惰性的氦核。一旦它完成了从核心燃烧到壳燃烧的转变，太阳将进入它的暮年。随着氦核的增长，其上方燃烧氢的壳层也在增长，从而使太阳变得更加明亮，尽管这增加了氦被吸积到核心上的速度。不断增长的核心将更快地燃烧太阳的氢，这反过来只会更快地扩大核心。

简而言之，最后，每颗恒星中心的核炉都会开始过热。用数字来说明，在未来 48 亿年后，太阳的亮度将比现在高 67%；在这之后的 16 亿年里，太阳的光度将上升到致命的 2.2 Lo（Lo= 现在太阳的光度）。到那时，地球将被烤成光秃秃的岩石，海洋和所有的生命都将被一个若隐若现的太阳蒸发掉，这个太阳将比现在大 60% 左右，地球表面温度将超过 315°C。但是，即使是这个版本的太阳，与之后即将到来的太阳相比，仍然是稳定和金色的。

大约在公元 71 亿年时，太阳将开始快速演化，它将不再是一颗主序星。它在 H-R 图上的位置将开始从现在靠近中心的位置转移到红巨星所在的右上角。这是因为太阳的氦核最终会达到一个临界点，在这个临界点上，普通气体的压力无法承受堆积在它上面的沉重重量（即使是加热到数千万度的气体也不能承受）。一颗电子简并物质的微小种子将在太阳的中心开始生长——电子简并是指离子和电子形成的一种超密度状态。这种转变的细节仍有争议，但理论计算表明，当太阳的惰性氦核达到太阳质量的 13%，即大约 140 个木星质量时，这种转变就会开始。在它生命的这一点上，太阳将变得难以驾驭。在过去的110亿年里，使它慢慢变亮的机制——更大的核心压力产生更热的核燃烧，产生更多的氦来扩大核心——现在被稳步增加的电子简并加速到灾难性的水平。在达到临界点5亿年之后，太阳的光度将膨胀到34 Lo，炽热到足以在地球表面形成由熔化的铝和铜组成的发光湖泊。再过4500万年，它将达到105 Lo；再过4000万年，它将跃升至令人难以置信的2300 Lo。

到这个时候，太阳的巨大能量输出将导致它的外层膨胀成一个巨大但非常脆弱的大气层，至少有水星的轨道那么大，可能和金星的轨道一样大。太阳大气层的巨大规模和太阳巨大的热量输出意味着：第一，到那时，地球即使没有完全蒸发，也会被烧得只剩下一个烧焦的铁核——计算表明，这两种情况都有可能发生；第二，尽管太阳有巨大的能量输出，但太阳的大气层将相对较冷。因此，太阳将是红色的，而且非常明亮。它将加入红巨星的行列。H-R图中红巨星部分的恒星数量只占主序星的百分之一的零头，因为没有一颗恒星可以长时间保持红巨星状态。当太阳达到红巨星的最大亮度时，它每600万年燃烧的核燃料将比它在主序星上110亿年的整个生命中燃烧的核燃料还要多。这是不可持续的。同样重要的是，红巨星从来不会像现在的太阳那样稳定。它们总是在以更快的速度生长和燃烧燃料，直到有什么东西阻止它们。红巨星没有长期的平衡。

三、太阳从红巨星到白矮星的演化

太阳质量的红巨星的终结会开始得非常突然。随着氦"灰烬"继续在其中心堆积，更高比例的氦"灰烬"变成电子简并态。这是一个奇怪的悖论：即使一颗红巨星的外层正在膨胀成一个巨大而脆弱的云，它的内核却在收缩，形成一个被掩埋的白矮星。太阳核心的温度和压力将飙升至当前值的10倍。大约在它离开主序带12亿年之后，在它作为红巨星的半径达到顶峰时，太阳氦核的中心将变得足够大，同时密度大、温度高，以至于惊人的事情将发生：在几分钟内，它将被点燃并燃烧。

当核心温度达到大约1亿度时，氦将开始通过一个被称为3α过程的反应融合成碳，因为它将三个氦核转化为一个碳原子。这会产生大量的热量。然而，太阳年轻的时候，它的核心含有正常的物质，给电子简并的氦增加更多的热量不会导致它膨胀和冷却。但此时，它的行为更像液体而不是气体：它的温度迅速上升，但它会膨胀。换句话说，保持主序星如此稳定的自我调节机制（流体静力平衡）在电子简并态物质中被关闭了。如果给白矮星加热，它只会变得更热。

第六章 恒星演化

碰巧的是，3α过程对温度的依赖性非常高：反应温度加倍会使它的运行速度加快大约一万亿倍！所以，当聚变的氦加热内核时，内核不能膨胀冷却，升高的温度导致氦聚变突然以百万倍的速度进行，这会非常迅速地加热内核，反过来又导致氦以更快的方式聚变。

简而言之，氦核的中心爆炸了。约6%的电子简并氦核（目前质量约为太阳质量的40%）在几分钟内聚变成碳，天文学家称之为氦闪。在大约烤一个硬面包圈的时间里，闪电释放的能量相当于我们现在的太阳2亿年产生的能量。太阳核心的亮度将非常短暂地等于银河系中所有恒星的亮度总和！人们可能会想象，如此大规模的大火会对这颗红巨星产生戏剧性的影响——在某种程度上确实如此，但并不像我们想象的那么突然或猛烈。

这是因为我们倾向于低估重力。与核武器令人生畏的威力相比，扔几块石头产生的能量似乎并不令人印象深刻。但事实上，这只是我们人类的偏见，这种偏见产生于我们生活在地球上，比起太阳，它只是一块既没有质量也没有密度的"小鹅卵石"。极其密集、极其巨大的质量的引力能是惊人的，在氦闪期间，恒星的简并核心被加热得如此强烈，以至于它最终将会"蒸发"。也就是说，单个原子核开始快速移动，以至于它们可以"沸腾"并逃离恒星。核心恢复成（极其稠密的）正常气体，并剧烈膨胀。将100 000个地球质量从简并态扩展至原始体积数倍所需的巨大引力能与氦闪释放的能量相当。

按照人类的标准，氦闪是令人失望的。然而，按照银河系的标准，这颗红巨星已经被射穿了心脏。核心的突然膨胀导致了严重的冷却，就像冰河时代的开始一样。冷却立即导致核心周围的氢燃烧壳内的压力大大降低，从而导致能量输出的灾难性下降。与恒星运行的通常时间尺度（可能只有10 000年）相比，在几乎是瞬时的时间尺度上，红巨星的直径和光度骤降至之前值的不到2%。对于质量与太阳相当的恒星来说，氦闪的结果是坍缩成橙黄色恒星，其直径可能是当前太阳的10倍，光度是当前太阳的40倍。太阳光度随时间变化的模拟结果如图6-4。

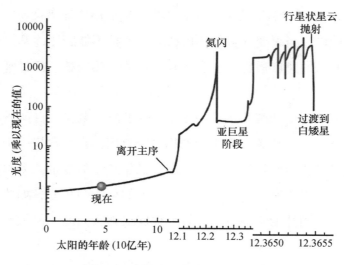

图 6-4 太阳光度随时间变化模拟

四、太阳的终结

太阳生命的最后大约 1.4 亿年将非常复杂。如图 6-5 所示，坍缩之后，太阳将重新成为一颗具有双能源的恒星：它将拥有一个致密（但不是电子简并）的碳-氧核心，周围环绕着一个壳层，氦在壳层中燃烧成碳。在这之外，它还有另一个壳，氢在其中燃烧成氦。核心氧是由核心表面的碳和氦缓慢聚变产生的。在较重的恒星中，氧又可以与氦聚变生成氖。氦聚变每千克产生的能量仅为氢聚变的 9%，因此，从能源角度来看，太阳仍然主要是一个氢反应堆。它 90% 的光度仍然来自燃烧氢气。

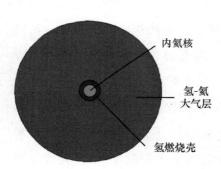

图 6-5 太阳作为亚巨星

然而，现在决定太阳将如何演化的是核心周围的氦。太阳或多或少地重复着它作为一个老化的主序星所做的事情，除了现在的核心是碳氧混合而不是氦氢混合。在一段时间内，它达到了相对的稳定，并在它的新状态中保持了流体静力学的平衡，成为一颗橙黄色的亚巨星（图 6-5）。因此，这一阶段的恒星有时被称为"氦主序"。从人类短暂的一生来看，亚巨星似乎足够平静：明亮的大角星就是这样一颗恒星，它的光被用来为 1933 年芝加哥世界博览会揭幕。自从望远镜发明以来，它没有任何可测量的变化。

但维持氦燃烧所必需的高温意味着太阳只能以一种非常快速的方式燃烧氦，炽热的核也决定了氢的快速燃烧。当太阳处于正常的主序时，太阳的光度在大约 90 亿年的时间里保持接近 1.0 Lo 的水平，直到最后变亮到 2.7 Lo 左右。然而，在氦主序上，太阳的光度将保持在 45 Lo 左右，最后变亮到 110 Lo 左右。虽然没有红巨星那么耀眼，但仍然非常明亮。

为了维持其亚巨星的生活方式，太阳必须以比原始氢核快 100 倍的速度撕裂氦核中的燃料。在氦主序上仅仅过了 1 亿年之后，太阳将再次开始向红巨星的境界攀登，原因和以前一样。但是没有"碳闪"可以与第一次的氦闪相提并论。无论太阳的核心被压缩到什么程度，它所需要的温度和压力都太大，无法点燃碳-碳聚变，所以碳会不断积累，变得越来越密集。太阳在第一次成为红巨星时所表现出的趋势，即它的核心被压碎成白矮星的密度，而它的外层则膨胀到数千万公里的直径，这种趋势这时是不可阻挡的。太阳再次成为红巨星，这一次的峰值亮度超过了 3000 Lo。它的外层向外吹得越来越远，超出了木星的轨道。

一颗恒星的最后几天是极其复杂的，因为燃烧氦和燃烧氢的壳层燃烧的速度不同。更热、燃烧更快的氦壳倾向于向外扩散，超过氢壳，当这种情况发生时，没有更多的氦可以燃烧，所以氦壳就会消失。但是，这颗巨大的恒星很快就会吸收更多的氦，然后这些氦会聚集在白矮星的核心上，直到它突然在失控的氦点火中燃烧起来。这有点像氦核闪光的婴儿版本。

在大约间隔 10 万年的四五次大爆发中，太阳的外层将与核心分离，并被完全吹走。它们将在太阳系周围形成一个巨大的、不断膨胀的外壳，并向外移动，重新加入星际气体。大约 45% 的太阳质量会以这种方式逃逸。剩下的 55% 的太阳质量很快被压缩到白热、超致密的核心。对于从远处观察太阳的人来说，随着围绕太阳的气体面纱被揭开，太阳的颜色似乎会迅速从红色变成白色。

灼热的太阳核心暴露在外的表面会非常热，至少达到 170 000 K，它会发射出比可见光更多的 X 射线（后红巨星是已知最热的恒星，中子星除外），它的亮度将达到 4000 Lo。太阳将成为一个真正的银河系辐射源，它的能量像巨大的霓虹灯一样照亮周围逸出的气体。这样的云被称为行星状星云，这是一个误导人的名字，因为 18 世纪的天文学家用当时的望远镜几乎看不到它们，他们认为它们看起来像行星。行星状星云是天文学中最美丽的景象之一。图 6-6 展示了 NGC 6751 星云，中间的亮点是后红巨星时期的母星。

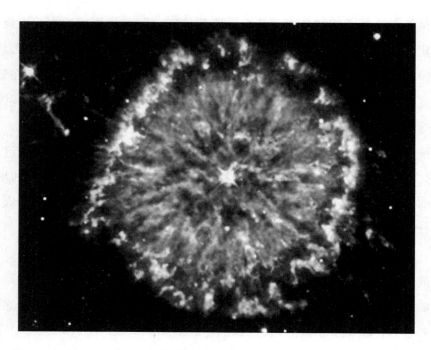

图 6-6 NGC 6751 星云

值得注意的是，有一颗恒星正好在它的外层被吹掉的地方，这是可以用肉眼看到的。这颗恒星就是米拉（Mira），"神奇之星"。中世纪的阿拉伯天文学家之所以这样命名，是因为米拉在大约 330 天的时间里变化非常不规律，从它所在星座（鲸鱼座）中最亮的恒星到完全看不见。Mira 是唯一一颗经典命名的恒星，亮度变化可以非常显著，从肉眼难以看到，到比平时亮数百倍。这种亮度的变化是恒星内部物理过程的外在表现，反映了恒星内部的核聚变活动和物质状态的变化。现代仪器显示，Mira 是一个极度膨胀的深红色气体袋，甚至不是接近球形的，它在 2000 K 的温度下也是已知最冷的恒星之一。当其下方的核燃烧时，它的大气层正经历着复杂的波动和振荡。因此，它是可变的。在短短 50 万年或更短的时间内，Mira 将成为一个行星状星云。

至于太阳，由于没有外层为它提供更多的氢，它只能维持几千年时间的华丽星云，按照银河系的标准，这只不过是弹指一挥间。致密核心上最后的燃料渣滓将燃烧殆尽，太阳将在 120 多亿年里第一次停止产生能量。星云将会分散和消失，太阳变成了一颗白矮星，比地球大一点，但质量是地球的 20 万倍，在未来的数十亿年里，它只会慢慢冷却。

由于巨大的密度，白矮星冷却的时间是如此之长，以至于即使是已知最古老的白矮星（近 120 亿年）也没有冷却到 5000 摄氏度以下。这些非常古老的"白矮星"或许可以更准确地被称为"黄白"矮星，但无论如何，银河系中没有任何"黑矮星"。自大爆炸以来，我们的星系产生了大约 100 亿颗白矮星，尽管有些暗淡，但它们仍然在发光。

星系及星系团

一、星系

星系是由恒星、恒星残留物、星际气体、尘埃和暗物质组成的引力束缚系统。星系的大小不一，小到只有几亿颗恒星的矮星系，大到有一百万亿颗恒星的巨型星系，每颗恒星都绕着其星系的质心旋转。

根据其视觉形态，可以将星系分为椭圆形、螺旋形和不规则形。许多星系被认为在它们的中心有超大质量的黑洞，如银河系中心的黑洞人马座 A* 的质量是太阳的 400 万倍。截至 2016 年 3 月，GN-z11 是人类观测到的最古老和最遥远星系，距离地球 320 亿光年。

2016 年发布的研究将可观测宇宙中的星系数量从之前估计的 2 千亿个修正为 2 万亿个，总体上相当于 1×10^{24} 个恒星，比地球上所有的沙粒还多。大多数星系的直径大约 3000 光年到 30 万光年。相比之下，银河系的直径至少为 10 万光年，与它最近的邻居——仙女座星系的距离为 250 万光年。

二、银河系

银河系（Milky Way）就是我们用肉眼就可以看到的"天河"（图 6-7）。它是一个包含太阳系的棒旋星系，直径介于 10 万光年至 18 万光年，估计拥有 1 千亿至 4 千亿颗恒星，并可能有 1 千亿颗行星。太阳系距离银河中心约 26 000 光年，在有着浓密气体和尘埃、被称为猎户臂的螺旋臂的内侧边缘。在太阳的位置，公转周期大约是 2 亿 4 千万年。

图 6-7　地面看银河

从地球上观看，银河系可见的盘面区域涵盖的面积包括天空中的 30 个星座。在一年中不同的时间，银河的弧在天空中的位置可以很高，也可以很低。在地球上的北纬 65°到南纬 65°之间，银河会一天经过观测者的天顶两次。

在银河系里，大多数恒星集中在一个扁球状的空间范围内，扁球的形状好像铁饼。扁球体中间突出的部分叫"核球"，半径约为 7000 光年。核球的中部叫"银核"，四周叫"银盘"。在银盘外面有一个更大的球状区域，那里恒星少，密度小，被称为"银晕"，直径为 7 万光年。

过去，银河系被认为与仙女座星系一样是一个旋涡星系，但最新的研究表明，银河系应该是一个棒旋星系。棒旋星系指的是中间有由恒星聚集组成的短棒形状的螺旋星系，大约三分之二的螺旋星系是棒旋星系。

银河的盘面被一个球状的银晕包围着，估计直径在 25 万至 40 万光年。由于盘面上的气体和尘埃会吸收部分波长的电磁波，所以银晕的组成结构还不清楚。盘面（特别是旋臂）是恒星诞生的活跃区域，但是银晕中没有这些活动，疏散星团也主要出现在盘面上。

太阳（包括地球和太阳系）在猎户臂靠近内侧边缘的位置上，正位于科学家所认为的星系适居带。太阳环绕银河的轨道大致是椭圆形的，但会受到旋臂与质量分布不均匀的扰动而有些变动，我们目前在接近近银心点（太阳最接近银河中心的点）1/8 轨道的位置上。太阳系大约每 2.25 亿～2.5 亿年在轨道上绕行一圈，可称为一个银河年，因此以太阳的年龄估算，太阳已经绕行银河 20～25 次了。太阳的轨道速度是 217 km/s，换言之每 8 天就可以移动 1 天文单位，1400 年可以运行 1 光年的距离。

在中国，关于银河还有一段凄美的神话故事。相传，王母娘娘为了拆散牛郎和织女，拔下头上的金簪一挥，一道波涛汹涌的天河就出现了，这就是银河。牛郎和织女被隔在银河两岸，只能相对哭泣流泪。他们的忠贞爱情感动了喜鹊，千万只喜鹊飞来，搭成鹊桥，让牛郎织女走上鹊桥相会，王母娘娘对此也十分无奈，只好允许两人在每年七月七日于鹊桥相会。在银河的两岸，有两颗星命名为牛郎星和织女星，它们之间的距离为 14.57 光年（图 6-8）。

图 6-8　被银河隔开的牛郎星与织女星

三、河外星系

最靠近银河系的星系是仙女座星系和三角座星系。这三个星系与另外 50 多个星系一起构成本星系群（Local group）。

仙女座星系（Andromeda galaxy）是拥有巨大盘状结构的旋涡星系（图 6-9），直径 22 万光年，比银河系大，距离地球有 254 万光年，是距银河系最近的大星系。

图 6-9 仙女座星系

仙女座星系在东北方向的天空中看起来是纺锤状的椭圆光斑，是肉眼可见的最遥远的天体之一。普遍认为仙女座星系是本星系群中最大的星系，外表与银河系相似。

仙女座星系正以 300 km/s 的速度朝向银河系运动，在 30 亿～40 亿年后可能会撞上银河系，最后并合成椭圆星系。斯皮策空间望远镜的观测显示仙女座星系有将近一万亿颗恒星，数量远比银河系多。2006 年，重新估计的银河系质量大约是仙女座星系的 50%。

四、星系团与超星系团

星系团（Galaxy clusters）是由星系组成的自引力束缚体系，通常尺度在数百万光年，包含了数百到数千个星系。包含少量星系的星系团叫做星系群。银河系所在的星系群叫做本星系群，成员星系大约为 50 个。距离本星系群较近的一个星系团是室女座星系团，包含了超过 2500 个星系。

超星系团是比星系群和星系团高一级的结构,是由较小的星系团或星系群组成的大群;它是宇宙中已知的最大结构之一。银河系是本星系群(包含54个以上的星系)的一部分,而处女座星系团又是拉尼亚克超星系团的一部分。在可观测的宇宙中,超星系团的数量估计为1000万个。超星系团的存在表明宇宙中的星系不是均匀分布的;它们中的大多数都是成群结队地聚集在一起,成群的星系群多达几千个。本星系群所在的超星系团称为本超星系团(图6-10),但从2014年起,一些学者将其重新命名为拉尼亚凯亚超星系团。这个超星系团的跨度为5.2亿光年,质量是银河系的10万倍。

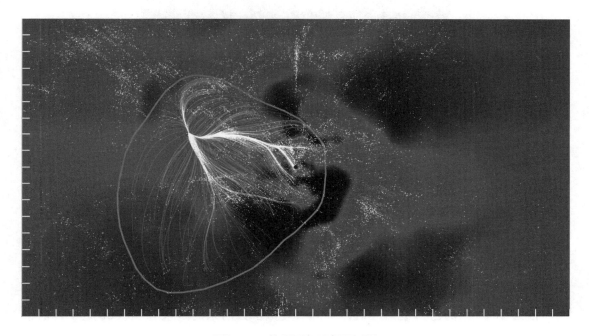

图 6-10 拉尼亚凯亚超星系团

五、宇宙到底有多大

宇宙是万物的总称,是时间和空间、物质和能量所构成的统一体。宇宙结构的示意图如图6-11。宇宙是物质世界,不依赖于人的意志而客观存在,并处于不断运动和发展中。宇指空间,宙指时间,在时间上没有开始、没有结束,在空间上没有边界、没有尽头。宇宙是多样又统一的;多样在于物质表现状态的多样性,统一在于其物质性。根据目前主流模型,宇宙年龄为(137.99 ± 0.21)亿年,宇宙直径为930亿光年。

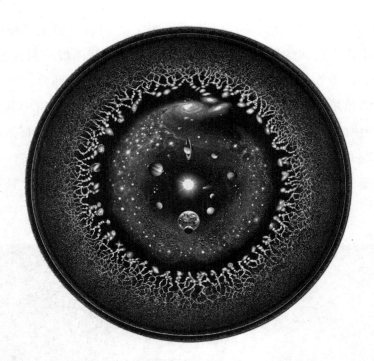

图 6-11 宇宙的结构：我们的太阳系居中

当代天文学研究成果表明，宇宙是有层次结构的、不断运动发展的天体系统。我们熟悉的低层结构是太阳系，太阳系属于上级结构银河系的一元，而银河系的上层结构是本星系群，本星系群的上级结构是拉尼亚凯亚超星系团，宇宙是由 1000 多万个超星系团构成的。宇宙各个结构的层次如图 6-12。

根据 2017 年的已知数据，估计宇宙中类似于银河系的星系有 20 000 亿个，而银河系估计至少有 1000 亿～4000 亿颗恒星。若以每颗恒星有一颗行星计算，那宇宙中应该有 1000 亿～20 000 亿颗行星。如此巨大数量的行星，如果只有我们地球有生命，那概率低到难以置信的程度。因此，从概率上来说，宇宙中其他星系一定有像我们人类这样的高级生命存在。

第六章 恒星演化

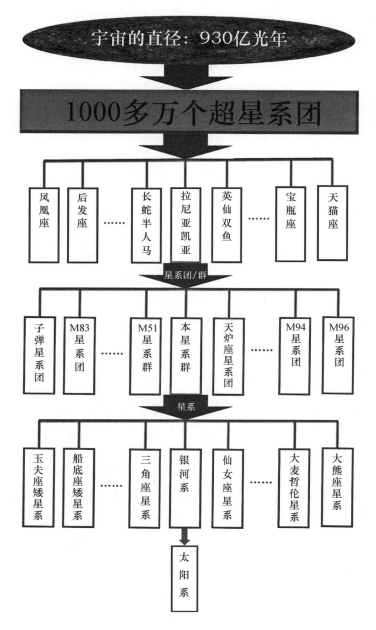

图 6-12 宇宙的层次

第七章
天体生物学

7.1 天体生物学的内涵

一、什么是天体生物学

天体生物学是研究宇宙中生命的起源、演化、分布和未来的学科。它需要确定生命和宜居环境的基本概念，这些概念将帮助我们认识可能与我们自己的生物圈截然不同的生物圈。天体生物学包括寻找太阳系以外可能有人居住的行星，探索火星和外行星，对生命起源和早期进化的实验室和实地调查，以及研究生命适应地球和太空未来挑战的潜力。需要结合分子生物学、生态学、行星科学、天文学、信息科学、空间探索技术等相关学科开展跨学科研究。天体生物学广泛的跨学科特征使我们努力对生物、行星和宇宙现象进行最全面和包容的理解。

天体生物学需要整合和综合大量主题和学科，包括跨时间的应用。确切地说，天体生物学是一门系统科学。

在宇宙中寻找生命需要严格开放的思想，不断质疑范式，灵活地重新评估标准和搜索策略，以应对知识创新、概念进步、技术进步和新的发现，无论是预期的还是意外的。例如，生命的起源是天体生物学研究的最深奥的问题之一。人们对这个问题的研究经常采取"自下而上"的调查形式，主要关注各种可能的早期地球环境中的益生元合成（这里的益生元是指一些不被宿主消化吸收却能够选择性地促进体内有益菌的代谢和增殖，从而改善宿主健康的有机物质），这些环境导致了生命所必需的分子的出现。这一领域的研究专注于现存生命最基本方面的出现，如遗传密码和原始酶的组装。然而，了解导致地球上的生命起源之路，只是在时间和空间上更普遍地寻找生命的一个方面。这一努力需要更多的交叉研究，不仅关注生命本身，还要关注生命在进化的行星过程中所扮演的角色，以及这些过程如何反过来影响生命的进化——例如，提供消除行星尺度、随时间变化的热量、焓和熵（即热力学不平衡）的化学途径。进一步，将生命起源的研究扩展到天体层面。

在地球之外，这些观点需要仔细结合对太阳系内外的天体在任何可能出现生命的假定时间内可能存在的环境和条件的推断。另外，生命出现的研究也关注理解这些生命是如何留下它的印记的。

诸如此类的研究不仅需要具有非常广泛的学科背景的科学家聚集在一起，而且还需要真正综合各学科不同的观点和方法，以产生一个尽可能完整地描述过程和产品的模型。这些模型还需要满足实验的科学标准，形成可检验的假设，允许在观察和测量的基础上修改假设，并具有前瞻性的预测能力。因此，天体生物学本质上是一门系统级的科学，在这门科学中，跨学科的综合观点对在基本问题上取得重大进展至关重要。

天体生物学要解决三个基本问题：

1. 生命是如何开始和进化的？
2. 在宇宙的其他地方存在生命吗？
3. 地球上和地球以外的生命的未来是什么？

天体生物学的主要研究课题可以概括为六个方面：

1. 识别有机化合物的非生物来源。
2. 生命起源中大分子的合成和功能。
3. 早期生活和不断增加的复杂性。
4. 生命和物理环境的共同进化。
5. 识别、探索和表征具有生物特征和适合居住的环境。
6. 构建可居住的世界。

为了进一步发展天体生物学，应当注意掌握以下原则：

1. 天体生物学在其内容和执行上都是跨学科的。它的成功关键在于各种科学学科和项目的密切协调，包括太空任务。

2. 天体生物学鼓励行星管理，主要强调防止前向和后向生物污染，及与人类探索活动有关的伦理问题。

天体生物学具有广泛的社会利益，特别是如实现对生命的更深入了解，寻找地外生物圈，评估发现其他生命实例的社会影响以及展望地球和太空生命的未来等领域。

公众对天体生物学的内在兴趣为教育和激励下一代科学家、技术专家和民众提供了一个至关重要的机会。因此，必须大力强调教育和公众宣传。

二、天体生物学发展的目标和目的

以 NASA 为例，自 2008 年起，NASA 就制定了天体生物学路线图，后来陆续对这个路线图进行修改和补充，现在已经发展到 2018 年版本。在该路线图中，NASA 提出了发展天体生物学的具体目标和目的。

NASA 天体生物学路线图为涵盖空间、地球和生物科学的相关企业的研究和技术开发提供指导。路线图是根据七个科学目标制定的，这些目标概述了关键的调查领域。对于这些目标中的每一个科学目标，都概述了更具体的、优先级更高的努力。这 18 个目标将与 NASA 的战略规划相结合。

目标 1：了解宇宙中可居住环境的性质和分布

- 目标 1.1——可居住行星的形成和演化模型
- 目标 1.2——对太阳系外宜居行星进行间接和直接的天文观测

目标 2：探索太阳系其他地方过去或现在的宜居环境、生命前化学和生命迹象

- 目标 2.1——火星探索
- 目标 2.2——外太阳系探索

目标 3：了解生命是如何从宇宙和行星的前身起源的

- 目的 3.1——生物前材料和催化剂的来源
- 目的 3.2——功能性生物分子的起源和进化
- 目的 3.3——能量转导的起源
- 目的 3.4——细胞和原生生物系统的起源

目标 4：了解地球上过去的生命是如何与不断变化的行星和太阳系环境相互作用的

- 目标 4.1——地球早期生物圈

- 目标 4.2——复杂生命的基础
- 目标 4.3——地外事件对生物圈的影响

目标 5：了解生命的进化机制和环境限制
- 目的 5.1——环境依赖的微生物分子进化
- 目的 5.2——微生物群落的协同进化
- 目的 5.3——对极端环境的生化适应

目标 6：了解将塑造地球和地球以外生命未来的原则
- 目标 6.1——环境变化和生物群、群落和生态系统元素的循环
- 目标 6.2——地球以外生命的适应和进化

目标 7：确定如何识别其他星球和早期地球上的生命迹象
- 目标 7.1——在太阳系中寻找生物特征
- 目标 7.2——在附近的行星系统中寻找生物特征

三、生命及生命存在的条件

从各种生物科学的发展来看，我们对生命已经有了很多了解，其中包括解剖学、超微结构、生理学、分子生物学和生物化学、生态学、分类学、行为学和社会生物学。参与生命研究的特定科学更狭隘地关注某些分类群或观察水平，如植物学、地衣学、爬虫学、微生物学、动物学和细胞学。尽管科学家、技术人员和其他参与生命研究的人很容易将生命物质与惰性物质或死亡物质区分开来，但没有人能给生命本身下一个完全包容的、简明的定义。部分问题在于生命的核心属性——生长、变化、繁殖、对外部干扰的积极抵抗和进化——都涉及转化或转化的能力。因此，有生命的过程与对整齐分类或最终定义的需求是对立的。举个例子，人们所认识到的与生命有关的化学元素的数量正在随着时间的推移而增加。因此，要详尽地列出生命的物质成分还为时过早。

尽管为生命进行定义是很困难的，大多数科学家仍然含蓄地从代谢、生理、生化、遗传、热力学和自创生等方面给出部分答案。

在生理学方面，生命被定义为任何具有进食、代谢、排泄、呼吸、运动、生长、繁殖和对外部刺激作出反应等功能的系统。

从生物化学或分子生物学的角度来看，生物体是包含可复制的遗传信息的系统，这些信息编码在核酸分子中，并通过使用被称为酶的蛋白质催化剂来控制化学反应的速率来进行代谢。

代谢的定义在生物化学家和一些生物学家中很流行。生命系统是具有明确边界的物体，它们不断地与周围环境交换某些物质，但至少在一段时间内不会改变它们的一般特性。

遗传学给出的定义则强调复制的重要性。复制是指脱氧核糖核酸（DNA）等分子精确复制自身的能力，而繁殖是指生物体数量的增加，从其亲本中产生一个或多个新个体的行为。在任何生物体中，许多努力都是为了繁殖，尽管繁殖对生物体本身没有明显的好处。然而，如果生命被定义为能够繁殖的实体，那么在这个限制性的定义下，一头明显活着但不繁殖的骡子将被排除在生物之外。事实上，许多生物，如杂交哺乳动物和植物，虽然组成它们的单个细胞可以繁殖，但它们已经过了鼎盛时期，不能再繁殖了。

从上面多学科给出的定义中，我们可以看出，生命体确实是非常复杂的，我们必须从总体上看生命。如果仅从一个或少数几个方面判断某物是否具有生命，就会往往会出现不合理的结果。

图 7-1 给出生命的 7 个特征。

图 7-1　生命的七大特征

根据人类目前掌握的知识，生命的存在应当具备这几个条件：液体水，含氧的空气，元素碳、氢、氧、氮、硫和磷，生物体可用的能源，所在天体具有足够稳定的环境。

最重要的需求是液体水，它是许多化学反应所必需的。液态水允许化学物质运输或溶解，因此我们需要水的温度在 15～115℃，这样它就不会蒸发或冻结。是什么让科学家认为水比其他物质更能维持生命？部分原因在于，我们从未发现过一种被证明并非如此的生物体。虽然有些生物体需要的水量比其他生物体少——例如，蓝藻需要的水很少，生物学家认为它可能能够在干旱的火星表面生存——但事实上，我们所知道的每一种生物体都需要水才能生存。如果没有水，地球上的生命就永远不会开始。水作为有机化合物相互混合的媒介，促进了地球上第一个生命形式的形成，甚至可能保护它们免受太阳辐射。

从简单的起始生物到复杂的动植物，水始终在生物的生存中发挥着至关重要的作用。在人类体内，它既充当溶剂又充当输送机制，可以溶解食物中的必需维生素和营养素，并将其输送到细胞。我们的身体还利用水来排出毒素、调节体温并帮助新陈代谢。因此，水占我们身体的近60%，没有水我们就无法生存超过几天，这也就不足为奇了。

虽然没有人质疑水对地球上生命的重要性，但我们有理由对如果没有水的情况下其他地方是否也存在生命提出质疑。答案是响亮的"也许"。科学家们几乎可以肯定，生命至少需要某种液体才能生存，其中氨和甲酰胺是最有希望的替代品。然而，这两种液体都有各自的问题。液氨只存在于极冷的温度下，使得生物体不可能找到支持其新陈代谢的能量。另外，甲酰胺实际上在比水更大的温度范围内保持液态，并且像水一样，是一种能够溶解许多有机材料的溶剂，但到目前为止，科学家们还没有发现任何证据表明该溶剂可以支持生命。

尽管我们阐述了维持生命所需要的条件，但在寻找地外生命时，我们不能把人类需要的条件用在其他生命形式上。因为即使在地球上，也存在极端条件下的生命，如嗜酸生物、嗜碱生物、嗜盐生物、厌氧生物、石内生物、石下生物、嗜压生物、嗜热生物、嗜冷生物、超嗜热生物、耐金属生物、耐辐射生物、冰虫以及耐旱生物等。这也为人类在其他星球上寻找生命增加了希望。

7.2 在太阳系寻找地外生命

根据人类探索太阳系多年积累的知识，在太阳系内最有可能有现存生命的天体是土卫二、木卫二和土卫六。

土卫二现在似乎拥有科学家认为的生命所需的全部三种成分：液态水，能源（如阳光或化学能）以及正确的化学成分（如碳、氢、氮、氧、磷）。

土卫二上有一个覆盖着冰的海洋。卡西尼号探测器通过分析月球冰火山喷发到太空中的物质来研究海洋的组成，它具有的宇宙尘埃分析仪对富含盐分的冰粒进行了分析，推断出海水中的主要溶质及其 pH。磷元素是生物必需元素中需求量最少的，迄今尚未在地球以外的海洋中检测到。早期的地球化学模型研究表明，在土卫二和其他冰冷的海洋星球的海洋中，磷酸盐可能是稀缺的。然而，对土卫二海洋中矿物溶解度的模拟表明，其中磷酸盐含量可能相对丰富，而磷酸盐是一种潜在的生命标志物。观测结果以及实验室模拟实验表明，磷很容易在土卫二的海洋中以正磷酸盐的形式存在，在土卫二形成的羽状的海水中，磷的浓度至少是地球海洋的 100 倍。此外，地球化学实验和模型表明，如此高的磷酸盐丰度可以在土卫二上实现，也可能在其他超越原始二氧化碳雪线的冰冷海洋世界中实现，无论是在寒冷的海底还是在温度适中的热液环境中。在这两种情况下，主要驱动因素可能是比起碳酸钙，磷酸钙矿物在富含碳酸或碳酸氢离子的中等碱性溶液中的溶解度更高。

木星的冰冷卫星木卫二（Europa）可能是太阳系中最有希望找到适合地球以外生命生存环境的地方，基本上具备液态水、能量输入、生命所需的化学物质这三种成分。

多种探测手段已经证明，木卫二有一个地下海洋，这个海洋接近其表面，冰壳平均厚度可能为 15～25 km。木卫二似乎也可能存在现代的地质活动，可能会将表面化合物输送到海洋中。

与木卫三和木卫四不同，木卫二的海洋可能与海底温暖的岩石直接接触，这种相互作用可以向海洋提供氢气和其他化学物质。地球上生命的能量输入主要来自太阳，木卫二的能量输入却是可能来自表面化学和海底的水-岩石相互作用。

2012 年，哈勃太空望远镜观察到有趣的证据，表明木卫二可能会喷发水蒸气羽流，似乎证明了木卫二真的有液态水海洋。那么，这一海洋的深度、温度、盐度、酸碱度和其他化学成分的比例是多少？对微生物有用的化合物是否会从卫星表面和岩石地幔进入海洋？如果木卫二的海洋以羽流形式喷发到太空，那么对羽流采样可以揭示其成分的哪些信息？

地球上 50%～80% 的生命生活在海洋中，不仅包括植物、珊瑚、鱼类和哺乳动物，还有极端微生物——在极端环境中生存的生物。它们生活在北极海冰以下的冰冻区域以及深海热液喷口周围的沸腾温度和高压环境中。

木卫二似乎也拥有生命的秘密成分：时间。地球上最古老的化石已有 35 亿年的历史，这意味着生命在条件允许其生存后不久就在我们的星球上立足了。木卫二的海洋可能已经存在了数十亿年，鉴于我们对生命成分的了解，一旦条件允许，生命在星球上出现的速度非常，以及生命能够在极端环境中找到生存的方法，因此，木卫二是寻找地球以外生命的首要地点。

从很多方面来说，土星最大的卫星——土卫六（Titan）是地球的"孪生兄弟"。它是太阳系第二大卫星，比水星还要大。和地球一样，它也有大气层，表面大气压力比地球稍高。除了地球之外，土卫六是太阳系中唯一已知其表面有积聚液体的天体。卡西尼号探测器在土卫六的极地地区发现了丰富的湖泊甚至河流，其表面最大的海洋被称为克拉肯海（Kraken Mare），比地球的里海还要大。研究人员从航天器观测和实验室实验中得知，土卫六的大气层富含复杂的有机分子，它们是生命的基石。

充满土卫六湖泊和河流的液体不是水，而是液态甲烷，同时可能与液态乙烷等其他物质混合，然而，所有这些化学物质在地球上都是气体。如果土卫六的海洋中存在生命，那也不是我们已知的生命形式，一定是一种未知的外星生命形式，其生物分子溶解在液态甲烷而不是液态水中。这样的事有可能吗？美国康奈尔大学团队通过研究细胞膜是否可以存在于液态甲烷中，解决了这一具有挑战性的问题的关键部分：每个活细胞本质上都是一个自我维持的化学反应网络，包含在边界膜内。科学家认为，细胞膜在地球生命历史的早期就出现了，它们的形成甚至可能是生命起源的第一步。

生命是基于碳的，并使用液态水作为溶剂。土卫六的表面具有丰富的富碳分子（碳氢化合物），在实验室模拟中，当这些分子暴露于液态水时，它们已被证明可以形成氨基酸，而氨基酸正是生命所需的蛋白质的组成部分。

7.3 关于 UFO

从字面上来看，UFO 是英文"Unidentified Flying Objects"的缩写，这个英语短语的意思是不明来历、不明性质、漂浮或飞行在空中的物体，简称"不明飞行物"，俗称"飞碟"。

早在夏、商代，我国就有不明飞行物的目击记录。近代最早出现的不明飞行物目击记录发生在 1878 年 1 月，一名美国农民在田里耕种时，突然发现空中出现一个不明圆形物体。这则新闻很快就刊载在 150 家美国报纸上。1947 年 6 月 24 日，一个美国人在华盛顿州驾驶自用飞机，突然发现有九个白色碟状的不明飞行物体，并转眼消失。他向地面塔台喊出："I see flying saucer（我看见了飞碟）"。由于飞碟这个名词形容得很贴切，于是开始在世界各地广泛流传。其后，一名记者在报纸上首次使用了 UFO 这个缩写，即不明飞行物，被人们一直沿用至今。

过去一段时间内，有关飞碟的报道不计其数，也引起了一些国家的官方关注。美国、加拿大、英国、日本、秘鲁、法国、比利时、瑞典、巴西、智利、乌拉圭、墨西哥、西班牙和苏联的政府或独立学者都曾在不同时期对 UFO 报告进行过调查。部分人们想象或目击的 UFO 如图 7-2。

蓝皮书计划是美国空军一系列研究 UFO 计划之一，起始于 1952 年，终止于 1969 年 12 月，但事实上持续活动到 1970 年 1 月。这个计划的目的有两个：一是确定 UFO 是否会对国家安全带来危害；二是科学分析与 UFO 有关的信息。该计划收集了 12 618 件 UFO 报告，最后的结论是：UFO 不会对美国的安全带来危害；而且没有

图 7-2　人们目击或想象的各种 UFO 现象

证据表明 UFO 事件所显示的技术或原理超过现代科学知识,没有证据显示 UFO 是地外智能的运载工具。

经过一些官方和专家的分析可知,绝大多数 UFO 目击事件属于观察者不知道的自然现象;一部分属于军事活动。虽然到目前为止,仍有许多现象不能圆满解释,但同样没有证据表明 UFO 就是外星人发射的航天器。

这里举例说明:来自其他恒星系的飞船要到达地球,究竟有多难?距离太阳系最近的恒星 α 比邻星距离地球 4.3 光年,如果来自此星系的飞船速度是 30 km/s,则需要 43 000 年才能到达地球。飞船进入地球大气层的速度高达每秒几十千米,与大气摩擦,将导致飞船表面的温度达几万度,如同流星体撞击地球,大部分将会被烧毁。仔细想一想,全世界每年报道那么多"外星飞船来访",真的可能吗?

7.4 未来对地外生命的探索

一、未来需要加强研究的问题

1. 早期太阳系和生命起源前的地球

生命出现的舞台早在前生命化学出现之前就已经确定了。太阳星云的凝结、圆盘的形成、恒星的活动、行星的吸积和分化,以及小行星和彗星的组成和撞击频率,都决定了生命可能出现和生存的条件。所有这些(或更多的)因素,都是确保存在必要的环境、地质条件和元素的关键。这些条件和元素产生了生命前分子,然后在行星或行星体上产生了生物化学。展望未来,生命出现的研究仍将集中在太阳系,并将拓宽视野,整合以下问题的答案:在太阳和年轻的太阳系共同演化时,对早期地球宜居性至关重要的过程和参数是什么?这些知识如何为其他天体(包括系外行星)的可居住性调查提供信息?生命起源前,地球的碳和挥发物清单以及传递它们的太阳系结构的哪些特征与生命的出现有关?在生命起源前的地球环境中,导致生命出现条件的许多共同变化的参数能否得到更好的约束?

2. 早期地球的适居性

当太阳和年轻的太阳系共同进化时,对地球的宜居性至关重要的过程和参数是什么?这些知识如何为其他天体(包括系外行星)的可居住性调查提供信息?许多与太阳系早期演化有关的现象对类地行星的可居住性至关重要，比如金星、火星、地球，可能还包括一些围绕气态巨行星的卫星，包括木卫二、木卫四、土卫二、土卫六和其他尚未被人类发现的星球。因此，从生命出现的角度理解地球宜居环境的创造，对太阳系内外其他天体的研究也有意义。

3. 生命起源前地球的状况

在生命起源前的地球环境中，导致生命出现条件的许多共同变化的参数能否得到更好的约束？人们越来越关注特定的早期地球环境条件在生命起源前化学的发展中所起的作用。生命的基本化学是建立在氧化还原反应的基础上的，也就是电子转移的化学。驱动生命前化学氧化还原反应的能量依赖于地球冷却时产生的热力学不平衡或太阳紫外线辐射。在这两种情况下，初级产物通常是氢。这一过程得到了橄榄石到蛇纹石的热化学变化、水的辐射分解、通过光子填充水相过渡金属的反键轨道的结果的支持。氢可以用来形成还原性的碳，并有可能将氮气还原成铵。

4. 动态宜居性

行星的宜居性既取决于基因组突变和生态演替，又取决于行星演化和太阳系动力学。行星环境孕育了生命，当生命出现时，行星和假定的行星生物圈将会随着时间的推移一起进化，使得生命产生的初始条件不一定与随后局部或整个行星可居住性产生的条件相同。这种共同进化可以是直接的、因果的，也可以是间接的、根本不相关的或随机的。地球目前是人类已知的行星和生物圈共同进化的唯一例子，但附近的类地行星都有自己的地质历史。总之，太阳系中岩石行星的地质记录可以用来更好地理解其他行星的行星动力学和潜在的生物圈是如何共同进化的。这些原则也适用于可居住的系外行星，尽管我们还没有得到可以验证这些原则的系外行星的数据。比较行星学可以将这些经验扩展到太阳系内部以外，根据最近评估行星可居住性的趋势，以下问题可能在未来指导这一领域的研究。

（1）行星演化的可预测因素——行星演化的哪些因素是可预测的，并且独立于生物圈演化之外？

（2）生物圈和地圈之间的反馈——生物圈和地圈之间存在什么反馈，包括在长时间的静止期间？

（3）灾难性变化的时期——灾难性变化的时期如何反映行星动力学和生物圈之间的平衡？

5. 多样的宜居环境和地下世界

即使在具有相似初始条件和地球物理过程的天体中，地球也可能只是一个拥有生命的行星的末端成员。地球的地下深处、火星、其他星系的类地行星，以及海洋世界，都有各种各样的环境条件，这些环境条件有一定程度的相似性，并且可以以类似的方式成为宜居环境。例子包括其他行星的地下水，以及外层卫星上与岩石接触的现代海洋。在没有地表生命的情况下，地下生命能存在吗？我们对生命及其在这个星球上的轨迹的理解越来越复杂，这可能会提示我们生命是如何在外星球上持续存在的。对这些世界的探索使我们有机会寻找生命的第二种起源，如果天体生物学的进步能够实现，甚至可以研究另一种生物化学。目前，已经确定了未来20年需要解决的4个关键研究方向：

（1）适应极端环境——当受到环境和能量的限制时，生命是如何适应的？

（2）化学合成和岩石为主的生物圈——海洋和陆地地下的类似物如何帮助定义化学合成或岩石为主的生物圈在另一个岩石行星或海洋世界上的样子？

（3）火星地下的宜居环境——火星地下水的时空分布、甲烷和其他还原气体（如氢）的来源和汇，以及维持火星地下宜居环境的相关水岩反应是什么？

（4）海洋世界的可居住性——能够在海洋世界上产生可居住性的化学物质清单和能源是什么？维持这些清单的过程是什么？

6. 海洋世界的适居住性

能够在海洋世界上产生宜居性的化学物质清单和能源来源是什么？又是什么过程维持了这些清单？外太阳系的海洋世界是引人注目的，因为它们有可能存在已知的现存生命，也有可能存在我们不知道的外来生命。对于像木卫二和土卫二具有的海洋世界来说，含盐的海洋与冰壳和潜在的活跃海底交换物质和能量，其水-岩反应可能已经进展到什么程度？它们是否仍在进行？行星内部是否曾经或仍然活跃，以及它们的海洋和表面之间的相互作用如何通过冰壳介导，支持活跃的生物圈？对这些海洋的盐度和pH的估计，可能跨越了地球上的一系列环境，从中性和低盐度到更极端的条件。这些需要更好地约束，以便了解它们的潜在可居住性。

二、未来探索的主要目标

未来，在太阳系内寻找地外生命的主要目标是外太阳系的海洋世界，包括土卫二、土卫四、土卫六、木卫二、木卫三、木卫四以及海卫一。重中之重是土卫二，因为土卫二已被证实有全球地下海洋（图7-3），海洋中存在多种有机物（图7-4）以及能源。

此外，未来20年的另一个关键科学目标是确定附近是否存在可能适合居住的系外行星，并确定它们是否适合居住。附近的恒星有适合居住的行星吗？虽然人们已经发现了几个有希望的候选者，包括TRAPPIST-1 e，f和g；但是仍然需要更多的目标来限制居住性的范围，更好地了解可居住环境的多样性和分布。在短期内，M矮行星的可居住性问题将是一个主要的理论和观测目标，因为它的观测比观测围绕类太阳恒星运行的行星更容易处理，而且在统计上对理解银河系中可居住行星的分布更有意义。类地行星体积小，在绕M矮行星运行时更容易观察和表征，然而矮星虽然是银河系中最常见的恒星类型，但对其行星的可居住性知之甚少。要了解这些行星是否适

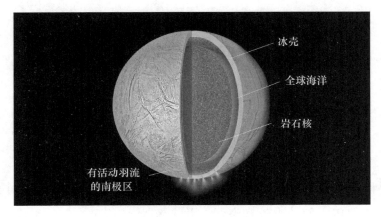

图7-3 土卫二的全球海洋

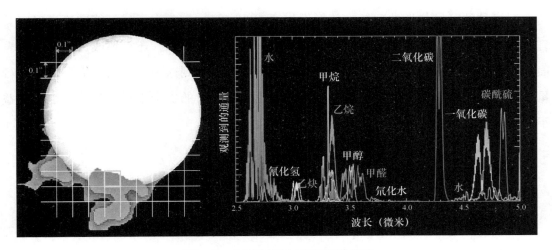

图7-4 韦伯空间望远镜观测的结果

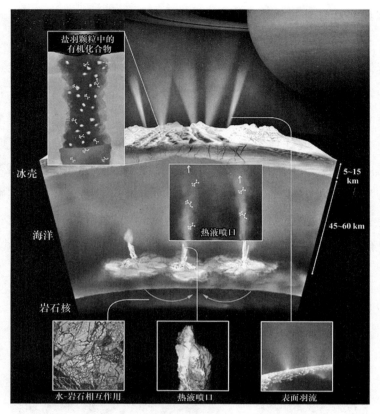

图 7-5　海底与表面结构

合居住，需要科学家在模拟、恒星观测和系外行星观测等多个方面共同努力，以确定 M 矮行星是否能保留它们的大气和海洋，并了解 M 矮行星大气的组成。从长远来看，对围绕更多类太阳恒星运行的行星的观测，类似太阳-地球的天体，将扩展我们对不同类型恒星的可居住性的理解，并提供与地球的直接比较。为了尽可能准确地确定其宜居性如何，不仅需要改进研究行星上层大气的能力和技术，还需要改进研究行星表面和近表面大气的能力和技术。由于过境光谱学无法做到这一点，因此需要对系外行星进行直接成像。更大的样本量对于增加发现宜居环境的机会也很有价值，也更有益于理解星系中为何普遍缺乏宜居环境。

三、未来的新探测设施

1. 广域红外巡天望远镜

广域红外巡天望远镜（WFIRST）是 NASA 设计的一个天文台，用于对近红外天空进行广域成像和巡天（图 7-6）。目前的任务设计利用现有的 2.4 m 望远镜，与哈勃太空望远镜(HST)大小相同。WFIRST 是"新世界、新地平线天文学和天体物理学年代际调查"中排名最高的大型太空任务。宽视场仪器将提供比 HST 提供的图像大 100 倍的天空视野,日冕仪将使天文学家能够探测和测量其他太阳系行星的特性。

图 7-6　广域红外巡天望远镜

2. 下一代天基旗舰任务

NASA 目前正在资助四个旗舰任务的概念研究,它们是:

(1)大型紫外光学红外探测器(LUVOIR)(图 7-7)。这是一个大口径(8～15 m)的普通观测设施,将能够直接对系外行星进行成像。

(2)起源空间望远镜(OST)。一种中红外中等口径望远镜,是 JWST 的继任者。

(3)山猫 X 射线天文台。这是拟议中的 X 射线太空望远镜,旨在成为继 NASA 钱德拉 X 射线天文台和欧洲航天局即将推出的雅典娜望远镜之后的下一代望远镜。该天文台将用 X 射线拍摄更大范围的天空图像,其分辨率比任何现有望远镜都更好,使天文学家能够研究第一个超大质量黑洞、星系演化过程中周围的热气体以及来自星系的辐射。

LUVOIR 将有能力抑制来自母恒星的光，并在当地太阳附近测量多达数百颗恒星，以寻找可居住类地行星。然后，这些任务将在少数到几十个类太阳（F, G, K）恒星的可居住区域内，对非凌日类地行星进行成像并获得直接成像光谱。更大孔径的 LUVOIR 也将直接拍摄围绕 M 矮星运行的行星。因此，这些望远镜将允许研究更像我们自己的恒星的行星，并将补充 JWST 和地面望远镜对 M 矮行星的了解。这些直接成像观测将大大提高我们描述系外行星可居住性和生命的能力，使观测探测器能够穿过行星的整个大气柱，以及对行星表面直接成像。值得注意的是，直接成像可以对非凌日行星进行，因此可以用来搜索所有附近恒星周围的行星。该技术对近地表水和生物特征的敏感性高于 JWST 获得的透射观测。LUVOIR 具有更大的孔径，可以调查更多的恒星，以限制多达 50 颗类地可居住带系外行星的可居住性和生物特征的频率，增强比较行星学，并产生具有统计意义的系外地球样本。即使最后没有发现生命存在的证据，这两项任务也会极大地增加我们对类地行星大气的了解，将数据库扩展到太阳系的四颗岩石行星之外。

图 7-7　大型紫外光学红外探测器

3. 地面巨型分段反射镜望远镜

当前地面光学设施的技术发展对于未来使用地面巨型分段反射镜望远镜（GSMTs）进行系外行星和生物特征研究的途径至关重要。全球有三个目标在 2028—2030 年之前拥有 25～40 m 的光学望远镜的项目：位于智利拉斯坎帕纳斯天文台的口径为 25 m

的巨型麦哲伦望远镜（GMT，图 7-8）；在夏威夷的莫纳克亚山或西班牙拉帕尔马的罗克·德·洛斯·穆乔斯的 30 m 口径望远镜（TMT，图 7-9）；以及位于智利阿玛逊斯山（Cerro Armazones）的欧洲超大望远镜（E-ELT，图 7-10），其孔径为 39 m。巨型麦哲伦望远镜的第一个光学仪器将是一个高分辨率光谱仪，它能够测量地球大小的行星的精确径向速度，并寻找大气中的生物特征，如 O_2。TMT 和 E-ELT 将配备近红外积分场光谱仪和成像仪，从光谱上表征木星大小的行星的大气，这些行星与年轻的主恒星有很大的距离。所有三个 GSMT 项目都在进行概念研究和相关技术开发活动，目标是部署第二代仪器，这些仪器将具有直接成像和光谱能力，用于系外行星和生物特征研究。目前，8～10 m 级望远镜和日冕仪设计上的试验台的仪器和技术发展对于从 GSMT 直接成像中获益至关重要。这些第二代系外行星仪器目前正处于设计中，将会使用近红外波长的高色散日冕技术，达到必要的对比度和灵敏度，用于研究 M 矮星和附近恒星周围的岩石行星。近红外高分辨率光谱与这种模式相结合，可以用来研究系外行星大气中的分子类型，如 O_2，H_2O，CH_4 和 CO_2。在中红外波段，利用日冕成像技术，GSMT 将有能力直接对附近类太阳恒星周围岩石行星的热辐射成像，并有可能在低光谱分辨率下追踪 H_2O 和 CO_2。

图 7-8　巨型麦哲伦望远镜

图 7-9　30 m 口径望远镜

图 7-10　欧洲超大望远镜

第八章 航天器发射与推进技术

8.1 运载火箭

一、基础知识

运载火箭（Launch vehicle）是由多级火箭组成的航天运输工具，用途是把人造卫星、载人飞船、空间站、空间探测器等送入预定轨道。一般由 2～4 级组成，每一级都包括箭体结构、推进系统和飞行控制系统，级与级之间靠级间段连接。末级有仪器舱，内装制导与控制系统、遥测系统和发射安全系统。有效载荷装在仪器舱的上面，外面套有整流罩。

1. 运载火箭分类

按其所用的推进剂来分，可分为固体火箭、液体火箭和固液混合型火箭。

按级数来分，可以分为单级和多级火箭。多级火箭按级与级之间的连接形式来分，可分为串联型、并联型、串并联混合型三种。

固体火箭燃料是一种火箭推进剂，其中燃料和氧化剂混合并与黏合剂结合，形成具有橡胶触感的固体化合物。在制造过程中，它被组合在火箭助推器外壳内，易于在室温下运输和储存。一种典型的混合物（如为航天飞机提供动力的固体火箭助推器）

使用高氯酸铵作为氧化剂，铝粉作为燃料，聚丁二烯丙烯腈（PBAN）作为黏合剂。这只是制造所需推进剂混合物的多种组合之一。在这类混合物中还可以添加其他化合物，如氧化铁（作为催化剂）、环氧固化剂和其他特定应用所需的物质。

固体火箭的结构如图 8-1 所示。其优点是结构简单、可靠性高、成本低，推进剂易储存、安全。缺点是推力比较小，发动机不能控制，一旦点火不能停止，不能重新启动。

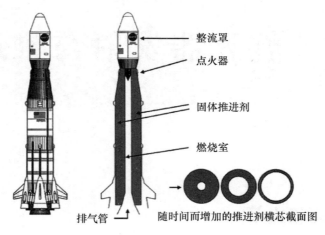

图 8-1　固体火箭

液体火箭所用的燃料主要有四氧化二氮（氧化剂）和偏二甲肼，液氧-煤油以及液氢-液氧。四氧化二氮和偏二甲肼的优点是能在常温下保存，便于使用，四氧化二氮和肼接触后可以自燃，可靠性高。缺点是推进剂和燃烧产物的毒性都很大。

煤油作为常温推进剂，使用极为方便，安全性好。同时，煤油价格便宜，每千克煤油的价格只有液氢的 1/100 和偏二甲肼的 1/30。我国煤油资源丰富，贮量极大，可满足长远需要。煤油的比重远高于液氢，储存容器小。使用液氧/煤油发动机可完全消除四氧化二氮/偏二甲肼有毒且污染环境的严重不足。

从日常生活的经验我们知道，一般汽车的燃料都用各种标号的汽油。那火箭发动机为什么不用汽油呢？这主要是因为煤油的燃烧值与汽油的接近，分别是 43 070 kJ 和 46 600 kJ，但煤油更安全、更便宜，低温条件下流动性好。另外，汽油挥发性大，不易保存。

2023 年 12 月 9 日，朱雀二号遥三运载火箭在我国酒泉卫星发射中心发射升空，将 3 颗卫星送入预定轨道，发射任务获得圆满成功（图 8-2）。由我国商业航天企业蓝箭公司研制的这一火箭,是世界上首次将卫星送入太空的液氧甲烷火箭。它的成功发射,标志着我国商业航天又取得了重要成果。

甲烷是最简单的碳氢化合物,由1个碳原子和4个氢原子组成。液态甲烷是低温燃料,这意味着气体必须冷却到 −162 ℃或以下才能变成液体。

在火箭中使用液态甲烷的好处:

(1)生产起来更简单,更便宜。

(2)很少甚至没有焦化和其他形式的残留物积聚,便于火箭重复使用。

(3)环境友好,由于其具有几乎完全燃烧的能力和高氢含量,液态甲烷燃烧产生的废气羽流主要由水、二氧化碳和少量的氧化氮组成,不会导致焦化和其他类型的残留物堆积。

(4)比冲量高于煤油,330～350 s。

(5)与液氢相比,燃料箱小。

(6)允许火箭发动机在更高的压力下运行。当甲烷与煤油在燃烧室内以同样的压力燃烧时,甲烷的性能比煤油增加了5%左右。

液氢-液氧燃料的优点是比冲量高,环保;缺点是温度太低(−252.8 ℃),不易保存,密度低,储存容器体积大。

单级火箭的优点是结构简单,但是有很大的局限性:燃料喷气速度有限、质量比有限,所以火箭最终的最大速度有限,用单级火箭一般不能达到第一宇宙速度。

多级火箭有串联式(2、3、4级),并联式(捆绑式)和串并联式(图8-3)。与单级火箭相比,多级火箭有许多优点:最终速度是各级能产生的速度的和,因此可

图8-2　朱雀二号液体甲烷运载火箭

获得很高的速度;各级火箭独立工作,一级完成后就自动丢掉,可减小飞行质量;不同高度可采用不同形式的发动机,提高效率。但多级火箭也有自己的缺点:整个系统复杂,给操作带来麻烦;降低了整体的可靠性。

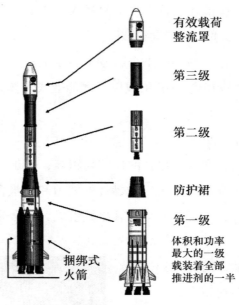

图 8-3 多级火箭

2. 技术指标

技术指标包括运载能力、入轨精度、火箭对不同重量的有效载荷的适应能力和可靠性。运载能力指火箭能送入预定轨道的有效载荷重量。有效载荷与轨道种类有关，所需的能量不同，因此在标明运载能力时要区别低轨道、太阳同步轨道、地球同步轨道、行星探测器轨道等情况。

不同用途的有效载荷有不同的入轨精度要求。运载火箭与有效载荷分离时的入轨精度按下列 6 个轨道要素给出：轨道半长轴、轨道偏心率（或近地点高度）、轨道倾角、升交点赤径、近地点幅角和轨道周期。这些要素的精度是由入轨点的位置偏差、速度偏差和发射时间偏差所决定的，它取决于运载火箭的制导精度及发射时刻的偏差。

发动机的重要指标是比冲量，定义为单位重量推进剂所产生的冲量。单位是 s（秒），这个数值越大，说明火箭发动机的效率越高。

二、典型的火箭发动机

1. RD-180

RD-180（图 8-4）是俄罗斯研发的液氧煤油发动机，单级推力为 420 吨，具有用于控制阀驱动和推力矢量万向节的液压装置、用于阀门驱动和系统净化的气动装置以及用于分配负载的推力框架，所有这些都作为发动机的一部分独立存在。该发动机采用液氧领先启动、分级燃烧循环和富液氧涡轮驱动,与目前运行的美国类似的发动机相比,性能提高了10%,并提供清洁的可重复使用操作。洛克希德·马丁公司曾选择 RD-180 发动机为其 Atlas 3 运载火箭及其候选的美国空军改进型消耗性运载火箭(EELV)提供助推推进力。该发动机通过富含氧化剂的预燃烧器的分级燃烧以及氧化剂启动和关闭模式,消除了结焦和未燃烧石蜡污染的可能性,从而实现了环保清洁的运行。

2. RD-170

苏联研制的液氧煤油火箭发动机,单级推力为 780 吨,1987 年首次飞行。RD-170 和 RD-171 是同时开发的,二者均由 4 个燃烧室、1 个涡轮泵和 2 个气体发生器组成。二者的区别是 RD-170 的喷嘴可在两个轴上旋转,而 RD-171 的喷嘴只能在一个轴上旋转。Energia 运载火箭使用 RD-170 发动机,Zenit 运载火箭使用 RD-171 发动机。

图 8-4　RD-180 发动机

Zenit 运载火箭第一级使用的是 RD-171 中的平面万向节。RD-171 通常可以使用波纹管将万向架固定到 6°,但在测试中已达到 8°～10°。

3. YF-100

长征 5 号使用的液氧煤油发动机,单级推力为 120 吨。

4. RS-25 液氢/液氧发动机

美国航天飞机和太空发射系统现在使用的发动机(图 8-5),单级推力 430 吨。

图 8-5　RS-25 液氢/液氧发动机

5. 太空发射系统固体火箭

每枚的推力为 1633 吨，其结构如图 8-6。

图 8-6　美国太空发射系统的固体火箭

8.2　有代表性的运载火箭

一、中国的长征 5 号

长征 5 号火箭如图 8-7 所示。芯一级使用 2 台 50 吨液氢/液氧发动机 YF-77，芯二级使用 2 台 8 吨级液氢/液氧发动机 YF-75，4 个助推器上使用了 8 台 120 吨液氧/煤油发动机 YF-100，总起飞推力为 900 多吨。低地球轨道运载能力为 25 吨。

图 8-7　长征 5 号运载火箭

二、俄罗斯安加拉-5火箭

安加拉-5火箭如图8-8，低地球轨道运载能力为24.5吨。

图8-8　安加拉-5火箭

三、阿丽亚娜6号运载火箭

欧洲航天局新的阿丽亚娜6号运载火箭（图8-9）将能执行广泛的任务。根据需要的性能，阿丽亚娜6将有两个版本：阿丽亚娜62有2个捆绑式助推器，阿丽亚娜64有4个助推器。

阿丽亚娜62可将大约4500 kg的有效载荷送入地球静止转移轨道，或将10 300 kg的有效载荷送入低地球轨道。阿丽亚娜64可以将大约11 500 kg的有效载荷送入地球静止转移轨道，将20 600 kg的有效载荷送入近地轨道。

阿丽亚娜6号高60多米，满载载荷发射时重约900吨，大致相当于一架半空客A380客机。阿丽亚娜6号可以灵活地将重型和轻型有效载荷发射到各种轨道上，用于地球观测、电信、气象、科学和导航等应用。

有效载荷载体允许轻于200 kg的小卫星"背驮式"发射主有效载荷，在同一任务中有效地组合有效载荷。

小型卫星的拼车"多次发射"服务将为希望进入不断增长的航天工业的小型公司提供经济有效的发射机会。

阿丽亚娜 6 号运载火箭为二级火箭，有三个主要的组成部分：下液体推进舱，两个或四个固体火箭助推器和上液体推进舱。主级与固体火箭助推器一起在第一阶段的飞行中推动阿丽亚娜 6 号。核心级由液体燃料火神 2.1 发动机提供动力，这是一款源自阿丽亚娜 5 号的火神发动机的升级发动机，P120C 助推器在升空时提供额外的推力。

图 8-9　阿丽亚娜 6 号

四、美国太空发射系统

美国太空发射系统的结构可见图 8-10。第一阶段以载重量 70 吨的星座计划载人任务为主，发射时将产生 3810 吨的推力；第二阶段将发展载重量 130 吨的货运型，发射推力约为 4173 吨，高度为 117 m，总重量为 2948 吨。

第八章　航天器发射与推进技术

图 8-10　太空发射系统

芯级由4台RS-25液氢/液氧发动机构成，每台直径8.4 m，可产生920吨的推力。助推级是2枚5级固体助推火箭，每枚的推力为1633吨，2枚为3266吨，起飞时总推力为4186吨。

8.3 电火箭

电火箭（electric rocket）是用电能加速工作介质形成高速流而产生推力的火箭发动机。发动机利用箭体上的太阳能、化学能或核能转化得到的电能加速工作介质，常用氙或碱金属（铯、铷、锂等）的蒸气，排出高速射流，产生推力。

电火箭的优点是比冲量高，是化学火箭的几倍甚至几十倍；所需重量降低，最终速度高。缺点是推力小，加速时间长，需要电源。

电火箭的主要类型有静电推进和电磁推进。静电推进发动机的工作介质（如汞、铯、氙等）从贮箱经过电离室电离成离子，在引出电极的静电场力作用下加速形成射束。离子射束与中和器发射的电子耦合，形成中性的高速束流，喷射而产生推力。电磁推进利用电磁场对载流等离子体产生洛伦兹力的原理，使处于中性等离子状态的工作介质加速以产生推力。其比冲量为5000～25 000 s。

离子推进器（图8-11）是静电推进的一种类型。其工作原理是先将气体电离，然后用电场力将离子加速后喷出，以其反作用力推动火箭。这是目前已实用化的火箭技术中最为经济的一种。

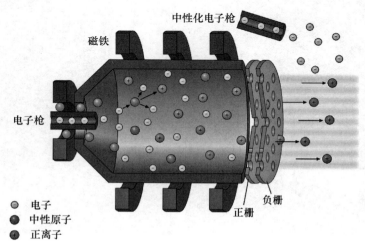

图8-11　离子推进器基本结构

离子推进器具有以下特点：由于比冲量高，因此只需要少量的推进剂就可以达到很高的终端速度——美国的黎明号小行星探测器只携带了 450 kg 氙。缺点是它的推力很小，目前的离子推进系统只能吹得动一张纸，无法使飞船脱离地表。离子推进器目前只能应用于真空的环境中。在经过很长时间的持续推进后，将会获得比化学推进快很多的速度，这使得离子推力器能被用在远距离的航行中。离子推进和化学推进性能比较如图 8-12。

速度变化1000 m/s		
推进类型	离子推进	化学推进
消耗的推进剂质量	25 kg 氙	300 kg 化学推进剂
所需时间	100 天	20 min
推力	92 mN	500 N

图 8-12 离子推进与化学推进比较

发展离子推进器对我国具有重要意义。目前我国发射的航天器一直由化学燃料执行空间推进职能，为了完成变轨、姿态调整和南北位置保持的任务，航天器需要携带大量燃料，这不仅占用空间，还大大增加了自身重量。以一颗 15 年寿命的高轨道卫星为例，卫星约重 4.8 吨，其中化学燃料贮箱重量就达 3 吨。如果采用离子电推进系统替代化学推进，仅南北位置保持就可省去 810 kg 燃料，如果执行全电推进方案，使卫星"瘦身"至 2 吨以下，省出来的空间和重量可安装更多科学设备载荷。

在未来，电推进系统将有望在我国航天器上全面应用，从而大大提升我国通信卫星系列平台、深空探测航天器、重力场测量卫星、载人航天空间站等航天器的整体技术水平和性能。

常用电火箭的另一种形式是霍尔效应推进器（图 8-13）。

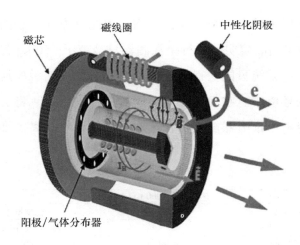

图 8-13 霍尔推进器示意

当电流垂直于外磁场通过导体时,垂直于电流和磁场的方向会产生一个附加电场,从而在导体的两端产生电势差,这一现象就是霍尔效应(图 8-14),这个电势差也被称为霍尔电势差。

同样功率下,霍尔推进器比离子推进器的体积小,而且适合于多种推进剂。

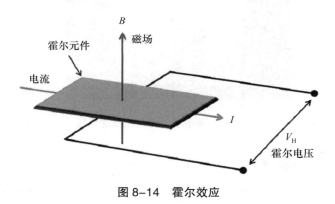

图 8-14 霍尔效应

 **太阳帆**

太阳帆航天器具有大型反射帆,可以捕获来自太阳的光动量,并利用该动量推动航天器前进(图 8-15)。

图 8-15 太阳帆

光由光子组成。光子没有任何质量，但当它们穿过太空时，它们确实具有动量。当光线照射到太阳帆时（其具有明亮的镜面表面），光线中的光子会像照射到镜子上一样，从太阳帆上反射。当光子撞击帆时，它们的动量被转移到帆上，给帆带来一个小推力。当它们从帆上弹开时，光子又给了帆一个小推力。两次推力都很轻微，但在没有任何东西可以减速的真空中，每次施加推力都会改变帆的速度。

在大气层以上的阳光直接照射下，$1\ m^2$ 对光完全吸收的材料会感受到 $4.7\ \mu N$（微牛顿）的力，这个力是一张纸重力的 1/2000。航天飞机有 3 台主发动机，每个产生 167 万牛顿的力。即使在 10 万平方米（边长为 3 个足球场边长的面积）的帆上，阳光产生的推力也不到单个航天飞机发动机所产生的推力的百万分之一。

因此，对太阳帆的要求是：帆的表面必须很大，材料必须薄而轻。

尽管推力小，但太阳帆具有明显的优点：（1）可以不断地加速，因此最终可大于传统火箭发射飞船的速度。如果以 $0.001\ m/s^2$ 的加速度考虑，在一天后，一个太阳帆可被加速到 310 km/h，并移动 7500 km；12 天后，可加速到 3700 km/h。（2）不需要传统推进剂。

正因为太阳帆具有这些优点，因此在一些领域具有重要的应用价值。

1. 卫星：太阳帆可以悬停在地球的极地上空。配备了太阳帆的航天器也可以定位到离太阳很近的轨道上，并能相对太阳或地球保持静止。

2. 轨道修正：信使号探测器在飞往水星途中，便利用了其太阳能电池板上所产生的光压来进行轨道修正。

3. 星际飞行：以太阳帆直接进行星际航行一直是太阳帆研发的最终目的。目前唯一确认以太阳帆进行星际航行的，只有日本于 2010 年发射的实证测试宇宙探测器 IKAROS（太阳辐射加速的星际风筝飞行器）。

太阳帆具有明显的局限性，如果轨道高度低于 800 km，太阳帆基本就没有用武之地了，因为此时大气阻力的影响比光压要大许多。只有当轨道高度大于这个限度时，太阳帆才能在光压的推动之下产生一个非常微小的加速度，通过数月的累积达到足够的速度。

8.5 核火箭

这是一种利用核反应释放出热量加热工作介质产生推力的火箭发动机。这种发动机的比冲量高、寿命长，但技术复杂，只适用于长期工作的航天器，也可用于运载火箭的高能末级。

NASA 于 1959 年开始研究核热发动机，最终设计和建造了火箭飞行器用核发动机（NERVA），这是一种在地球上成功进行了测试的实心核反应堆。然而，在 1973 年阿波罗时代结束以及该计划资金大幅减少后，在太空发射发动机的计划便被搁置了。

核发动机可以比化学发动机更有效地燃烧，并且可以持续更长的时间，从而更快更远地推进火箭（图 8-16）。核发动机分为两种类型：第一种是核电推进（NEP）反应堆，其工作原理是产生电力，从氙和氪等稀有气体中剥离电子，然后将它们作为离子束从航天器的推进器中喷出；第二种是 NASA 正在研究的核热推进（NTP）反应堆，利用裂变反应加热气体（通常是氢气或氨气），使其通过喷嘴膨胀以提供推力。

2023 年 8 月 1 日，NASA 宣布将与五角大楼国防高级研究计划局（DARPA）合作测试核火箭发动机，计划最早于 2025 年将世界上第一艘核动力航天器送入轨道。这项耗资 4.99 亿美元的任务名为敏捷型地月空间行动演示火箭（DRACO），将是对新型火箭推进系统的首次测试。NASA 声称该系统可以在短短 45 天内将宇航员送上火星（图 8-17）。

图 8-16 拟议核动力火箭的艺术概念图

图 8-17 NASA 设想的探测火星的核火箭

第九章 航天器

9.1 航天器及发展状态

一、什么叫航天器

基本上，按照天体力学的规律在太空运行的各类人造飞行体统称为航天器（Spacecraft）。

虽然各种航天器系列和特殊用途航天器的设计差异很大，但大多数航天器上都有八大类子系统，分别是：(1)电源，(2)载荷系统，(3)推进系统，(4)通信系统，(5)姿态控制系统（即保持航天器朝向特定方向，并将其仪器精确地指向选定的目标），(6)环境控制系统（主要是调节航天器部件的温度），(7)数据处理系统，(8)结构平台（航天器的骨架框架，它在物理上支持所有其他子系统）。

1.电源：主要是太阳能电池和蓄电池，还有放射性同位素热电电源。目前航天器上使用最普遍的是太阳能电池，也称光伏电池，是通过光电效应直接将光能转化为电能的装置，绝大多数太阳能电池都是由硅制成的。与燃料电池不同，太阳能电池不利用化学反应或需要燃料来产生电力；并且与发电机不同，它们没有任何移动部件。因此，太阳能电池为从通信和气象卫星到空间站的大多数空间设施提供电力。然而，对于发送到太阳系外行星或进入星际空间的太空探测器来说,太阳能是不够的,因为辐射能随着到太阳的距离增大而衰减。另外,在月球表面,由于夜间的长度为14天,所以太阳能电池无法供电,这就需要放射性同位素热电电源(图9-1)。这种电源的工作原理是利用放射性同位素在衰变过程中释放出的热量发电。一般采用半衰期87.7年的钚-238同位素作为热源,通过热电偶温差转换。输出功率在千瓦以下,具有环境适应性好、寿命长、结构紧凑、可靠性高和免维护的特点,使用寿命最长的已超过30年。

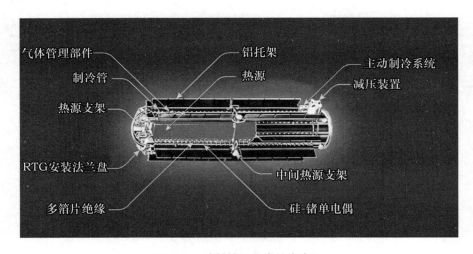

图 9-1　放射性同位素热电电源

2. 载荷系统:对于科学卫星或行星探测器来说,载荷主要指各类科学仪器,也称有效载荷。对于载人航天器,载荷包括乘员、科学实验装置;对于货运飞船,载荷主要指飞船携带的设备、给养等。

3. 推进系统:当航天器作轨道机动时,需要使用航天器本身的推进系统。常用的推进系统有四种:冷气推进系统、单组元推进系统、双组元推进系统和等离子体发动机。

4. 通信系统:接收来自地面站的上联信号,将接收到的信号放大,存储输入的信号,将输出信号通过输入/输出多路调制器指向合适的下联天线,以便将信号发送到卫星地面站,并向地面站发送各类信息。

5. 姿态控制系统:航天器姿态控制是获取并保持航天器在太空定向(即航天器相对于某个参考坐标系的姿态)的技术,包括姿态稳定和姿态机动两个方面。几乎所有的航天器都需要采用某种姿态控制方式。实现航天器姿态稳定和姿态机动的装置或系统称为航天器姿态控制系统。航天器在轨道运行时,为了完成它所承担的任务,必须具有一定的姿态。对地观测卫星的照相机或者其他遥感器要对准地面；通信卫星和广播卫星的天线要对准地球上的服务区；航天器上的能源装置——太阳电池翼要对准太阳；航天器进行机动变轨时，其变轨发动机要对准所需推力方向；航天器从空间返回大气层时，其制动防热面须对准迎面气流方向。

6. 温控系统：卫星在轨飞行时，会遇到高温和低温两种环境。在数百到数千千米的高空，非常稀薄的气体不能阻挡太阳的照射，没有传导与对流散热，太阳直接照射卫星表面，如果不加防护，卫星的温度很快就会升高；而当卫星飞行到地球的另一面时，就进入了阴影区，得不到太阳的热量，温度会很快地降低。温控系统有被动和主动两种形式。被动式热控制就是在对卫星进行热控制时不消耗能量，只需要在卫星的内外表面及仪器设备上采取相应的措施就可以达到热控制的目的。白色或金色热涂层可有效反射来自太阳的红外辐射。金是一种非常有效的红外反射器，通常用于遮挡关键的部件。用多层隔热材料将需要保温的仪器包扎起来，便能达到保温目的。另外，还可以用热管把发热量大的仪器的热量传导到不发热的仪器上。主动温度控制系统是在卫星内部加电热丝系统。对于发热量多的大型航天器，要设计一套复杂的流体循环换热装置，即在卫星的各个部位和仪器上采用热收集器，导管中液体的流动将收集的热量带到一个热交换器上，再由热交换器把热量传到热辐射器，通过辐射器把热量辐射到空间。

7. 数据处理系统：科学卫星一般携带多种探测仪器，数据处理系统的功能是对各类仪器所获得的数据进行收集、存储和预处理，以便由通信系统将这些数据发送到地面，这些工作由星载计算机完成，这个计算机也称为"指令和数据子系统"（CDS）。

8. 结构平台：卫星平台由卫星服务（保障）系统组成、可以支持一种或几种有效载荷的组合体。卫星平台实际上就是除了有效载荷或有效载荷舱以外卫星的其余部分。卫星平台可以由卫星服务（保障）系统组合成一个或几个舱段，例如服务舱、推进舱和返回舱。无论安装什么有效载荷，其基本功能都是一致的，只是具体的技术性能会有所差别。根据这一特点，世界上许多国家在卫星研制中都采取卫星公用平台的设计思路，使卫星平台具有通用性，在一定范围内适应不同有效载荷的要求。自1970年4月24日成功发射第一颗人造卫星东方红一号以来，我国发射了三百多颗不同类型的卫星，形成了以遥感卫星、通信卫星、广播卫星、气象卫星等为主构成的四大卫星平台。

二、发展状态

1957 年 10 月 4 日，苏联发射了第一颗人造地球卫星，使人类进入太空时代。到 2017 年 12 月底，全世界共发射 8593 颗各种类型的航天器，平均每年发射 143 颗。历年发射的航天器数量和类型如图 9-2 和表 9-1 所示。

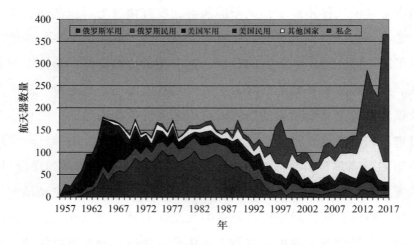

图 9-2　1957—2017 年发射的航天器数量

表 9-1　发射的航天器统计（至 2017 年 10 月 4 日）

各类发射	数量	年平均
航天器发射总数	8593	143
俄罗斯	3743	62
美国	2022	34
其他国家	1300	22
商业卫星	1162	19
业余卫星	366	6
民用航天器	4519	75
军用航天器	4074	67
载人飞船	610	10
行星探测器	248	4
通信卫星	1381	23
气象卫星	241	4

9.2 航天器的分类

目前，人类发射的航天器不仅数量大，而且种类多。将如此众多的航天器进行科学分类，首先要明确分类依据，使得分类合理，数量适中。

如果按照是否载人划分，可将航天器分为两类：载人航天器与不载人航天器。这种划分虽然种类少，但过于笼统，难以了解航天器的特点和用途。

如果按照是否围绕地球飞行划分，可将围绕地球飞行的航天器称为卫星、载人（载货）飞船与空间站；围绕太阳或其他天体飞行的可称为行星探测器或太阳观测台。这样划分，种类不多，但基本上明确了各类航天器的用途。

如果按照目标和飞行方式划分，从探索太空的角度，可将航天器分为10种类型。这种划分方法虽然种类较多，但各类航天器的特点和用途就很清楚了。我们下面介绍按这种方法划分的各类航天器。它们分别是科学卫星（Satellite）、空间站（Space station）、行星际探测器（Interplanetary spacecraft）、轨道器（Orbiter）、大气层探测器（Atmospheric probe）、着陆器（Lander）、漫游器（Rover）、撞进器（Penetrator）、空天飞机（Aerospace plane）以及跟踪与数据中继卫星（Tracking and data relay satellite）。

一、科学卫星

这是一类用于对地球空间进行实地探测和遥感探测、对太阳以及太阳系外天体进行遥感探测的航天器。这类卫星诞生时间早，种类繁多，用途广泛，是研究空间科学的基本工具和手段。这类航天器还可以具体划分为地球空间探测卫星、空间对地观测卫星、太阳观测卫星以及空间天文观测卫星等（图9-3）。

随着空间科学技术的发展，人类发射到地球空间的科学卫星的数量和种类越来越多。概括起来可以分为这几类：地球空间探测卫星、空间对地观测卫星、气象卫星、海洋卫星、环境卫星、通信卫星、导航卫星、空间天文卫星、太阳观测卫星以及大量的微纳卫星。

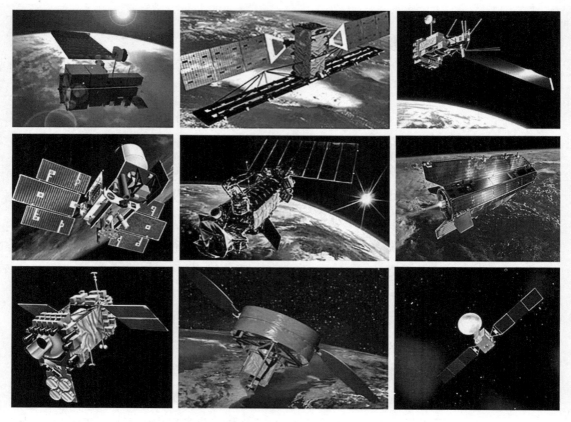

图 9-3　有代表性的卫星

二、空间站

空间站是一种放置在轨道上的人造结构，有加压的外壳、电力、供应和环境系统，以支持人类长时间居住。根据其结构，空间站可以作为各种活动的基地，包括对太阳和其他天体的观测、对地球资源和环境的研究、军事侦察，以及对失重或微重力状态下的物质和生物系统（包括人类生理和生物化学）行为的长期调查。

空间站有单舱结构和多舱组合式结构，通常将单舱结构称为空间实验室，如俄罗斯的礼炮号实验室，美国的天空实验室以及我国的天宫实验室。

目前全世界只发射了三个组合式空间站，即俄罗斯的和平号空间站，多国联合建造的国际空间站（图 9-4），以及中国建造的天宫空间站。

图 9-4 国际空间站

三、行星际探测器

行星际探测器的目标是飞越探测一些地外天体，或者探测行星际空间的介质，如行星际磁场和太阳风。典型探测器有旅行者 1、2 号（图 9-5），先锋 10、11 号以及新视野探测器。

四、轨道器

这是一种环绕地外天体运行的航天器，典型代表有信使号水星探测器、火星快车（图 9-6）、嫦娥一号和二号月球探测器。

目前人类向地外天体发射了大量探测器，其中数量最多的是月球与火星的探测器。据不完全统计，至 2022 年 10 月，人类向月球发射了 180 颗探测器，向火星发射了 50 颗探测器（包括着陆器与巡视器）。

五、大气层探测器

专门设计用于探测地外天体的大气层。代表性探测器有探测土卫六的惠更斯探测器（图 9-7）以及维加一号、二号金星气球等。

图 9-5　旅行者号

图 9-6　火星快车

图 9-7 惠更斯探测器

六、着陆器

在地外天体表面着陆，但基本停留在着陆点，不能移动。典型着陆器有在火星上着陆的凤凰号和洞察号（图 9-8）；在金星着陆的金星 13 号。

图 9-8 洞察号

七、漫游器

在火星和月球上的着陆器通常称为火星车和月球车,这也是人们习惯的称呼。漫游器的特点是可以移动,可根据需要选择探测位置。典型的漫游器有毅力号及勇气号和玉兔号(图9-9)。

图9-9　玉兔号月球车

八、撞击器

目前已经用于实际探测的撞击器是"深度撞击"项目,即美国主持的撞击彗星的项目(图9-10)。此外还有NASA的近地小行星重定向任务。

为了寻找防御小行星撞击地球的有效方法,NASA制定了"近地小行星重定向"任务,并于2022年9月26日成功地撞击了目标小行星(图9-11),使其轨道周期缩短约1%,即大约10 min,收到了明显的效果。

日本一直在研究撞击月球表面的探测器,基本科学目标是使用和改进穿进器的驱动力,穿进器通过撞击天体表面来放置一套科学仪器,通常以每秒几十到几百米的速

图 9-10 深度撞击

图 9-11 双小行星重定向任务

度撞击。小型探月器有望在未来十年成为月球科学和探索的宝贵新工具。这些低成本的弹道探测器可以从轨道上大量部署，也可以在下降的机器人或载人飞行器上部署，以探索和表征极端月球浅层地下环境的多样性。

九、空天飞机

空天飞机是一种未来的飞机,它像普通飞机一样水平起飞,以每小时 1.6 万~3 万千米的高超声速在大气层内飞行,在 30~100 km 高空的飞行速度为 12~25 倍声速,而且可以直接加速进入地球轨道,成为航天飞行器,返回大气层后,像飞机一样在机场着陆,成为自由地往返天地之间的运输工具。在此之前,航空和航天是两个不同的技术领域,由飞机和航天飞行器分别在大气层内、外活动。航空运输系统可以重复使用,但航天运载系统一般不能重复使用,而空天飞机能够达到完全重复使用和大幅度降低航天运输费用的目的。

目前已投入使用的空天飞机是美国的 X-37B (图 9-12)。我国空天飞机已经试飞,但具体情况还未报道。

图 9-12　X-37B 空天飞机

十、跟踪与数据中继卫星

跟踪与数据中继卫星(TDRS)系统是美国宇航局的专用通信卫星网络,在地球上空 35 881 km 的轨道上运行(图 9-13)。顾名思义,TRDS 允许美国宇航局和其他机构通过地球上的地面控制站与卫星、航天器和国际空间站进行通信。通用动力公司通过帮助 NASA 操作、升级和维护地面系统终端,为 TDRS 项目提供了 30 多年的支持。我国已经具有了这类卫星,称为天链卫星。2022 年 7 月 3 日,我国在将天链二号 03 星送入太空,该卫星是我国第二代地球同步轨道中继卫星。天链卫星的主要用途是:

1. 跟踪、测定中、低轨道卫星。
2. 为对地观测卫星实时转发遥感、遥测数据。
3. 承担空天飞机和载人飞船的通信和数据传输中继业务。
4. 满足军事特殊需要，以往各类军用的通信、导航、气象、侦察、监视和预警等卫星的地面航天控制中心，要通过一系列地面站和民用通信网进行跟踪、测控和数据传输。

图 9-13　TRDS 卫星

9.3　未来的航天器

未来，航天器的性能和种类等方面都将有很大变化。

一、空间太阳能电站

近年来，太阳能发电的效率大大提高，成本也逐渐降低，但无论技术进步有多快，基本的限制仍然存在：太阳能电池板只能在白天发电，云层经常遮挡，大部分阳光在到达地面的过程中被大气吸收。这让我们思考：如果我们可以在太空中收集太阳能并将其传送到地球表面呢？

太阳光在大气层顶部的平均强度是地球表面的 10 倍以上。在足够高的轨道上，阳光可以持续不断地获得，可以捕捉到所有的阳光，可以发送到地球上任何需要的接收站。

这一基本概念已经存在了很长时间，但由于需要新的清洁和安全的能源来源，以帮助人类到 2050 年向净零碳世界过渡，这一概念变得更加紧迫。

在几十年的研究中，人们已经总结了使用不同形式的发电、转换和传输原理的各种概念（图 9-14 ~ 9-16）。设计思路是通过地球静止轨道上的光伏电池将太阳能转化为电能。然后，能量以 2.45 GHz 的微波形式无线传输到地球上的专用接收站，这些接收站被称为"整流天线"，将能量转换回电能，并提供给当地电网。

由于能量是无线传输的，因此可以将其传输到任意一个需要能量的接收站，甚至可以传输到月球或其他行星。随时可用的能源供应将提高我们探索这些地方的能力。

天基太阳能发电（SBSP）基于现有的技术原理和已知的物理原理，不需要新的突破。如今，从轨道上传输电视信号和通信链路的电信卫星基本上都是能量传输卫星——只是在尺寸和功率上要小得多。

这一技术最大的挑战是，为了产生最佳的、经济上可行的太阳能水平，所需的结构非常大，无论是在地球上还是在太空中。地球静止轨道上的一颗太阳能卫星的直径可能超过 1 km，而地面接收站的占地面积则需要 10 倍以上。

在近地轨道上建造国际空间站需要几十次发射，而组装一颗重达数千吨的太阳能卫星可能需要更多的发射次数。过去，由于发射成本高，人们认为太阳能卫星在经济上无法与地面方案竞争。但现在，在全球范围内，发射成本持续下降，使得这种建设在经济上是可行的，最终将提供一种持续可用的清洁能源。按照计划规模，一颗太阳能卫星将产生约 20 亿瓦的电力，相当于一个传统的核电站，能够为 100 多万户家庭供电。地球表面需要 600 多万块太阳能电池板才能产生同样的能量。

第九章　航天器

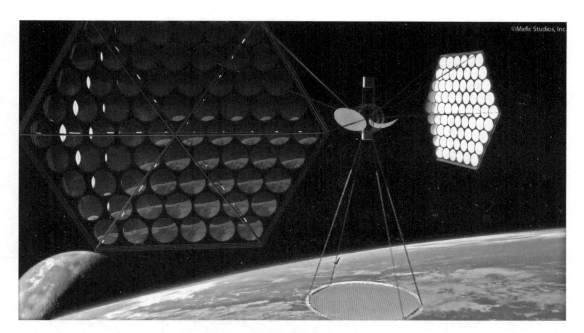

图 9-14　空间太阳能电站设计

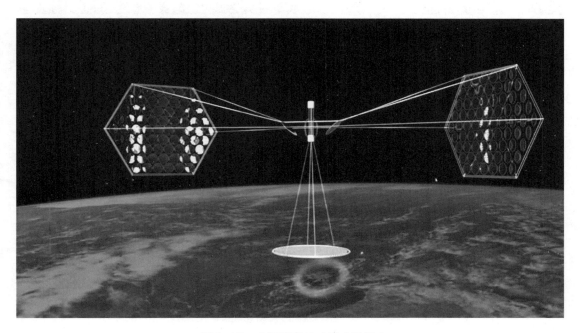

图 9-15　太阳能电站（日本设计）

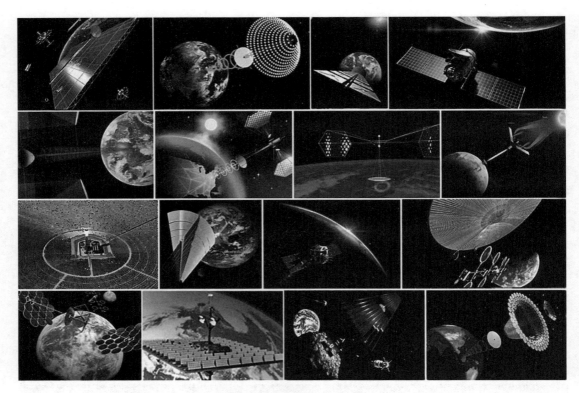

图 9-16 空间太阳能电站多种设计

二、可居住系外行星成像任务

可居住系外行星成像任务哈伯克斯（HabEx）将利用恒星阴影，观测明亮的主恒星周围的系外行星（图 9-17）。在寻找诸如水和甲烷之类的"生物特征"（可能表明在另一个星球上存在生命）的同时，HabEx 也将成为第一个直接拍摄类似地球的外行星图像的望远镜。潜在的类地行星必须是有岩石的，同时必须围绕其母恒星运行。那里的温度正好适合液态水的存在。

哈伯克斯将部署一个大的、向日葵形状的"星影"，这是为了阻挡恒星的光线，使得望远镜能以前所未有的细节研究反光微弱的系外行星。HabEx 望远镜本身的直径为 4～8 m，NASA 仍在研究不同尺寸的不同设计方案，但星影号的直径将大得多，为 72 m。

除了收集可见光图像外，HabEx 还将对宇宙进行紫外线和红外观测，使该天文台不仅仅用于外行星研究。使用与研究系外行星相同的仪器，HabEx 还可以观测、绘制恒星和星系的地图，并研究宇宙的膨胀。

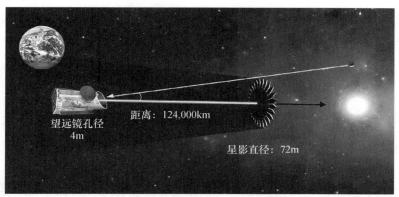

图 9-17 （a）可居住系外行星成像任务；（b）星影与望远镜

三、最大的行星任务探测器

NASA 计划在 2024 年发射"欧罗巴快船"，以确定木卫二是否存在可以维持生命的迹象（图 9-18）。凭借其巨大的太阳能电池阵列和雷达天线，欧罗巴快船将成为 NASA 有史以来为行星任务开发的最大的航天器。该航天器在木星系统中运行时，需要大型太阳能电池阵列来收集足够的光以满足其电力需求。木星系距太阳的距离是地球距太阳距离的 5 倍多。该航天器高约 5 m，部署阵列后，航天器的跨度超过 30.5 m，净质量（燃料箱中不含推进剂）为 3241 kg。

欧罗巴快船将对木星的卫星木卫二进行数十次近距离飞越，收集详细的测量数据。它将在距离卫星表面 25 km 的最近高度飞越木卫二近 50 次，每次飞越时都会飞越不同的位置，以扫描几乎整个木卫二。

雷达仪器将绘制木卫二的冰图，而磁力计将确定海洋的深度和盐度。彩色和红外摄像机将以彩色方式绘制表面，并搜索海洋可能从冰壳渗出的热点。光谱仪将确定表面的成分，并扫描向太空喷出水的任何羽流。该航天器还拥有直接对木卫二大气层进行采样的工具，包括可能的海水和木星辐射到太空的表面颗粒。

欧罗巴快船还将侦察未来太空任务可能着陆的地点。NASA正在考虑的一项任务将在木卫二表面停留一个月，将样本送入检测有机材料的仪器中。

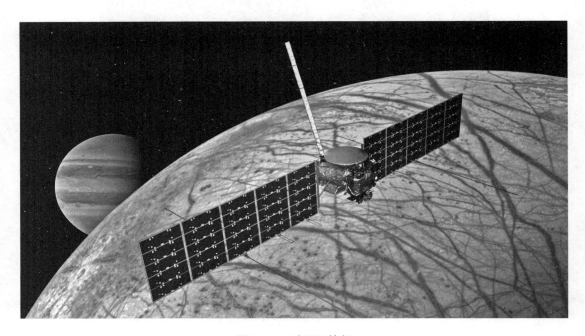

图9-18　欧罗巴快船

四、探索木卫二和土卫二等卫星海洋的微型机器人

NASA的微型游泳者传感（SWIM）是一项令人兴奋的新提议，其中厘米级微型机器人将用于探索木卫二和土卫二等卫星的海洋（图9-19）。SWIM，使用厘米级3D打印微型机器人来探索太阳系中一些天体的地下海洋，例如木卫二或土卫二。这些微型游泳者可以单独部署，也可以从单个机器人母舰中集群部署。这将增加在外星海洋中找到生命证据的机会。

第九章　航天器

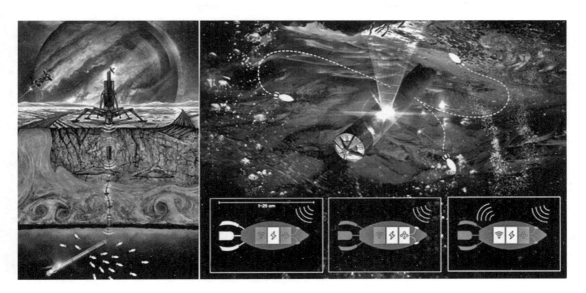

图 9-19　独立微型游泳者传感器

第十章
载人航天与空间站

10.1 载人航天器的类型

一、载人飞船

载人飞船（Manned spacecraft）是保障航天员在外层空间生活和工作以执行航天任务，并能返回地面的航天器。

根据飞船的目的和飞行轨道，目前主要有环绕地球轨道飞行的载人飞船和探测月球的飞船，后一种包括当年的阿波罗飞船和现在的猎户座飞船。随着人类航天技术的发展，还会研发载人探测火星的飞船。本章主要介绍环绕地球的载人飞船。

目前，载人飞船的主要类型有俄罗斯的联盟系列、中国的神舟系列和美国Space X公司的龙飞船。联盟飞船与神舟飞船都是三舱结构，包括轨道舱、返回舱和推进舱，是配备有生命保障系统的天地往返运输工具。图10-1给出神舟飞船的结构。

轨道舱位于飞船的前端，后面通过密封舱门与返回舱相连。它是航天员在太空飞行中进行科学实验、进餐、体育锻炼和休息的空间，其中备有食物、水和睡袋、废物收集装置、观察仪器和通信设备等。轨道舱前端有对接机构，供飞船与空间实验室或空间站对接用。轨道舱还可兼作航天员出舱活动的气闸舱。

图 10-1　神舟飞船结构

返回舱是整个飞船的指挥控制中心。当飞船发射和返回时，航天员都乘坐在返回舱内；在起飞阶段和再入大气层阶段，航天员半躺在该舱内的座椅上，并有一定角度，以此克服超重的压力。座椅前方是仪表板，以监控飞行情况；座椅上安装姿态控制手柄，以备自控失灵时，可以手控进行调整。在飞船返回地面之前，轨道舱和服务舱先后与返回舱分离，并在再入大气层过程中焚毁，只有返回舱载着航天员返回地面。

推进舱也称服务舱，前端通过过渡舱段与返回舱相连，后端与运载火箭相接。主要功能是飞船的变轨。

载人飞船的主要用途是作为天地往返运输器，为空间站接送航天员；试验各种载人航天技术，如轨道交会和对接、航天员出舱活动、考察轨道上失重和空间辐射等因素对人体的影响；发展航天医学；为航天站接送人员和运送物资等。

载人飞船也是救生船。航天员在空间站内长期工作，随时都可能出现危险，例如，外层空间微流星体或人造天体碎片击穿压力舱舱壁、空间站控制系统失稳或航天员突然生病等。当出现上述各种危急情况时，航天员需要立即离开空间站，返回地面。为此，当空间站内有航天员工作时，至少应当有一艘载人飞船与空间站对接在一起，作为轨道救生船，准备随时接航天员离开空间站。

我国新型飞船的研制已经取得重要成果。未来的飞船可载 7 名航天员，三舱变两舱，可重复使用；返回舱采用锥形结构，提高了升阻比；着陆时采用气囊保护。

二、航天飞机

航天飞机（Space shuttle），也称为太空运输系统，是一种部分可重复使用的火箭发射运载工具，设计用于进入绕地球轨道，使人和货物能在轨道航天器之间往返，并在返回地球表面时滑翔至跑道着陆。由 NASA 研制的航天飞机于 1981 年 4 月 12 日首次升空进入太空，进行了 135 次飞行，直至该计划于 2011 年结束。

美国的航天飞机系统由三个主要部分组成：载有机组人员和货物的有翼轨道飞行器；一个外挂燃料箱，装有液氢（燃料）和液氧（氧化剂），用于轨道飞行器的三个主火箭发动机；以及一对大型固体助推火箭（图 10-2）。升空时，整个系统重 2000 多吨，高 56 m。在发射过程中，助推器和轨道飞行器的主发动机一起点火，产生约 3.1×10^7 N 的推力。助推器在升空约两分钟后被丢弃，并通过降落伞返回地球，以供重复使用。达到 99% 的轨道速度后，轨道飞行器已耗尽外部燃料箱中的推进剂。之后释放

图 10-2 发射台上的航天飞机

燃料箱，燃料箱在重新进入大气层时解体。尽管轨道飞行器像火箭发射器一样垂直升空，但它却像滑翔机一样进行无动力下降和着陆。

航天飞机可以在轨道飞行器的货舱中运输卫星和其他飞行器，以便在太空中部署。它还可以与轨道航天器交会，以便宇航员对其进行维修、补给、登机，或者将它们带回地球。此外，轨道器可以作为一个空间平台，用于进行实验，以及对地球和宇宙物体进行长达两周的观测。

1986年1月28日，挑战者号载着七名宇航员升空，之后不久发生爆炸，造成机上所有人死亡，其中包括一名普通公民——学校教师克里斯塔·麦考利夫。负责调查这起事故的总统委员会确定，其中一个固体火箭助推器的接头密封件因机械设计问题而失效，而发射当天早上异常寒冷的天气又加剧了这一问题。从接头处泄漏的热气体最终点燃了航天飞机外部油箱中的燃料，导致爆炸。事故发生后，航天飞机机队停飞至1988年9月，以便NASA纠正设计缺陷，并在航天飞机计划中实施相关的管理变更。

1995年至1998年间，NASA执行了一系列飞往俄罗斯和平号空间站的航天飞机任务，以便学习俄罗斯建设空间站的经验。从1998年开始，航天飞机被广泛用于将国际空间站的部件送入轨道进行组装，以及在国际空间站之间运送宇航员和物资。

2003年2月1日，哥伦比亚号航天飞机在完成轨道飞行任务返回途中，在得克萨斯州中北部上空约60 km的高度发生灾难性解体。七名船员全部遇难，其中包括伊兰·拉蒙，第一位进入太空的以色列宇航员，航天飞机再次停飞。事故调查委员会得出的结论是，在航天飞机发射过程中，一块隔热泡沫从外挂燃料箱上撕裂并撞击了轨道飞行器的左翼，将热防护瓦砸出两道缝，削弱了其热防护能力。当轨道飞行器重新进入大气层时，它无法承受过热的空气，穿透机翼并将其摧毁，导致飞行器解体。正如对挑战者号灾难的分析一样，哥伦比亚号事故被认为是机械和组织原因造成的，需要在航天飞机恢复飞行之前解决这些问题。

航天飞机飞行于2005年7月26日复飞，发射了发现号。最后一次航天飞机飞行是第135次，于2011年7月8日发射。NASA宣布后续载人飞行任务将使用俄罗斯联盟号飞船以及美国公司制造的航天器。剩下的三架轨道飞行器以及企业号（它没有飞入太空，仅在1977年用于着陆测试）被放置在美国各地的博物馆中。

三、空间站

空间站是放置在轨道上的人造结构，具有支持人类长期居住所需的加压外壳、电力、供应和环境系统。根据其配置，空间站可以作为各种活动的基地。其中包括对太阳和其他天体的观测、对地球资源和环境的研究、军事侦察以及开展多学科的科学试验。

空间站可以分为单一式和组合式。前者也称空间实验室，是在完全组装好的情况下发射的。组合式空间站则以模块形式发射并在轨道上组装。为了最有效地利用其运载工具的容量，空间站会在空置状态下发射，其机组人员（有时还有附加设备）会乘坐单独的运载工具跟随。因此，空间站的运行需要一个运输系统来运送机组人员和硬件，并补充推进剂、空气、水、食物和日常运行中消耗的其他物品。空间站使用大型太阳能电池板和蓄电池组作为其电力来源，还利用地球静止中继卫星与地面任务控制器和卫星定位系统进行持续通信，以此导航。

自1971年以来，全世界已经发射了12个空间站。按时间顺序排列，它们是礼炮1号（图10-3），天空实验室，礼炮3、4、5、6和7号，和平号（图10-4），国际空间站，天宫一号和二号，以及中国天宫空间站。

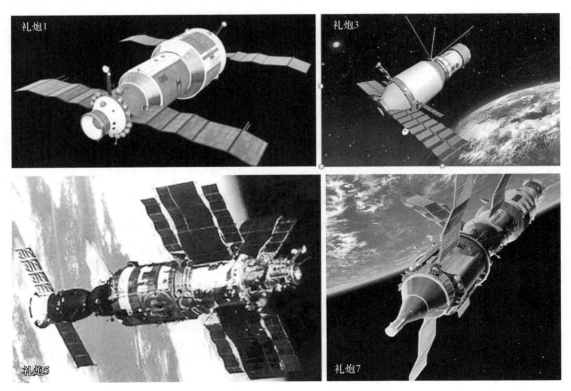

图10-3 礼炮系列空间站

图 10-4 和平号空间站的结构

和平号空间站有 6 个经常在轨的组件，即核心舱、量子 1 号天文物理舱、量子 2 号气闸舱、晶体号实验舱、光谱号遥感舱和自然号地球观测舱；美国航天局为其提供了一个专门用于与航天飞机对接用的对接舱。

和平号空间站的第一个部件"核心舱"于 1986 年 2 月 19 日发射入轨；1996 年 4 月 26 日，最后一个实验舱自然号发射升空，整个空间站的建设历时 10 年。

建成后的和平号空间站长 19 m，宽 31 m，高 27.5 m，质量为 129 700 kg，充压体积为 350 m^3。轨道的近地点为 354 km，远地点 374 km，倾角为 51.6°，轨道周期为 91.9 min。在轨时间为 5519 天，于 2001 年 3 月 23 日坠入大气层。

现在的国际空间站来自早期三个国家空间站计划的组合，即俄罗斯/苏联的和平 2 号计划、NASA 的自由号计划（包括日本的希望号实验室）和欧洲的哥伦布空间站；加拿大的机械手为这些计划提供工具。

经过近十余年的探索和多次重新设计，直到苏联解体、俄罗斯加盟，国际空间站才于 1993 年完成设计，开始实施。该空间站以美国和俄罗斯为首，包括加拿大、日本、巴西和欧洲航天局（正式成员国有比利时，丹麦，法国，德国，英国，意大利，荷兰，西班牙，瑞典，瑞士和爱尔兰）共 16 个国家参与研制。

国际空间站从1998年开始建设,直到2011年才完全建成。这个庞然大物总重419吨,长109 m,宽73 m。平面尺寸如同一个标准足球场(图10-5)。

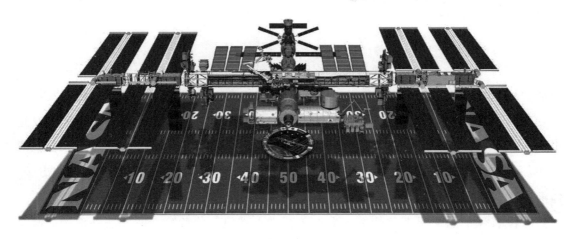

图10-5 国际空间站的尺寸(上面是展开的空间站,下面是一个标准足球场)

国际空间站尺寸巨大,但其最主要的部件有4个,即俄罗斯的星辰号服务舱、美国的命运号实验舱、欧洲航天局的哥伦布实验舱和日本的希望号实验舱。这些部件位于空间站总体图中的纵向部分(图10-6)。

图10-6 国际空间站

10.2 太空行走技术

太空行走是一个俗称，确切的名称叫"舱外活动"（EVA），一般指航天员离开航天器，到舱外进行安装、修理等活动，这是建设与维护空间站所必需的技术。

太空通常被称为真空，这意味着几乎或完全缺乏气体分子，也完全没有压力。这也是航天员在没有合适航天服的情况下进入太空很危险的主要原因之一。如果你只穿着牛仔裤和T恤离开飞船，由于缺乏气压，肺里的空气会很快从你的身体里冲出来。体液中的气体会膨胀，以可怕的方式推动你的身体内部，皮肤会像气球一样膨胀。

在没有保护的情况下贸然进入太空还会带来其他一些危险。航天器外部的温度会根据所在的位置而剧烈波动。地球大气层上方阳光照射的物体温度可达到120℃以上，而阴影处的物体则可达到相反的极端温度，低于−100℃。除此之外，来自太阳的辐射、紫外线辐射和快速穿过太空的微小流星体也会带来潜在的危险。

太空行走涉及两项关键技术，即气闸舱和舱外航天服。气闸舱是供航天员进入太空或由太空返回用的气密性装置（图10-7）。气闸舱有两个气闸门，一个与密封座舱连接，称内闸门；另一个是可通向太空的外闸门。闸门的启闭可用电动机构，也可手动。气闸舱内设有闸门控制台、开启闸门前的给气排气装置、通信和照明设备，以及航天员出舱活动穿的航天服。闸门的启闭必须十分小心和熟练，避免漏气危险。航天员出舱进入太空活动前，需要在座舱内穿好航天服，走出内闸门后，关闭内闸门，把气闸舱内空气抽入座舱内。当气闸舱内和外界空间的压力相等时，才能打开外闸门进入太空。航天员返回气闸舱时按相反的顺序操作，关闭外闸门，把座舱内的空气泵入气闸舱，待两者压力相等时，打开内闸门，航天员就可以进入座舱。内、外闸门的气密性绝对可靠是气闸舱工作的基本条件。

幸运的是，航天服可以让宇航员在真空中生存，同时提供足够的机动性来移动和完成任务。

太空行走时使用的装备齐全的舱外服实际上是一种形状像人体的微型飞船，可以保护宇航员在太空免受飞行器外的危险。太空行走的航天员面临辐射、灰尘、碎片和极端温度等危险，这些航天服可以为身体提供适当的压力，并为他们提供饮用水和可呼吸的氧气。美国过去和现在的舱外航天服如图10-8。

第十章 载人航天与空间站

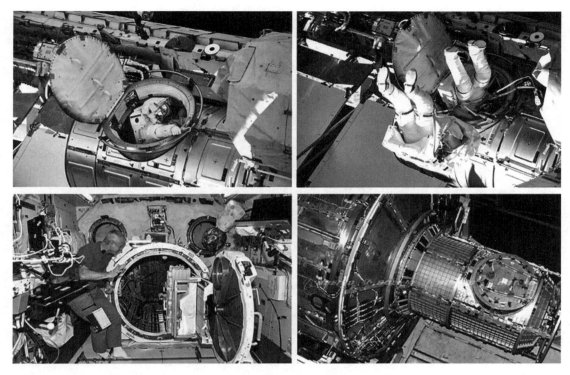

图 10-7 从不同角度看气闸舱

舱外航天服的两个主要部分是压力衣和生命维持系统。压力衣是航天服的人体形状部分,可保护身体并实现活动。压力服的主要组成部分是冷却服、上躯干、下躯干和头盔。

宇航员穿上的第一件航天服是一种由弹性氨纶材料和水管制成的特殊冷却服。这件紧身衣服由大约 90 m 长的管子编织而成,覆盖了除头、手和脚之外的整个身体。冷冻水流过宇航员皮肤附近的管道,以调节体温,并消除太空行走期间多余的热量,太空行走通常会持续几个小时。服装上的通风孔可将宇航员身体上的汗水吸走,有助于航天服服装内部的循环。

坚硬的上躯干重量轻但坚固,将套装内部与便携式生命支持系统中的适当系统连接起来。它的形状像无袖衬衫,连接到覆盖手臂并连接手套的手臂组件。新型探索服的上半身将有一个后部入口舱口,以便宇航员爬进航天服的后部。

宇航员必须能够在戴着航天服手套的情况下操作和拾取物体。手套可以保护宇航员免受太空环境的影响,其设计目的是让太空行走者尽可能轻松地移动手指。手指是身体在太空中最冷的部分,航天服上的手套配备了加热器,可以保持手指温暖,同时仍然可以灵活地使用工具。

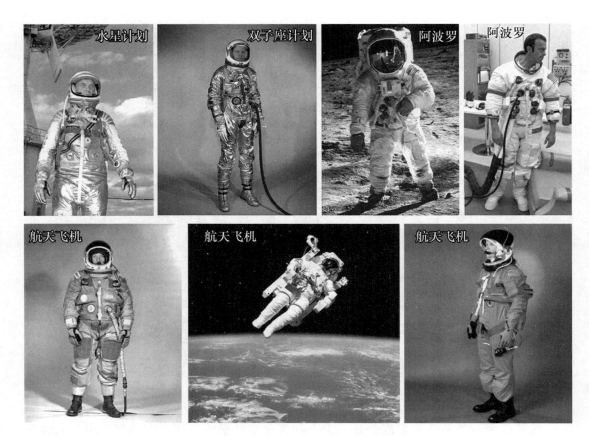

图 10-8　美国过去和现在的舱外航天服

　　航天服的下半部分由航天服裤、靴子和腰部闭合件的下半部分组成，一个叫做腰部轴承的部件可以帮助宇航员移动和转身。金属身体密封闭合件将下躯干连接到坚硬的上躯干。在将用于月球表面任务的新套装中，下躯干采用了先进的材料和关节接口，允许臀部弯曲和旋转，膝盖能弯曲，并配有徒步旅行式靴子。有了这种新的移动能力，宇航员将能够在月球表面行走，而不是像阿波罗登月者那样只能"兔子跳"。

　　该套装的柔性部分由多达 16 层材料制成，这些层具有不同的功能，从保持航天服内的氧气到防止太空灰尘。冷却服最接近宇航员的皮肤的部分，构成前三层。这件衣服的顶部是气囊层，里面充满气体，为身体产生适当的压力，并保留呼吸所需的氧气。下一层将气囊层保持在宇航员身体周围的正确形状。防撕裂衬里是防撕裂层。接下来的几层是隔热层，就像一个保温瓶一样，有助于保持套装内部的温度。白色外层反射阳光的热量，由混合三种线的织物制成，一种线提供防水性，第二种用来制作防弹衣的材料，第三种成分是防火材料。有些太空服是纯白色的，有些则有条纹，以帮助区分宇航员。

航天服的背面有一个背包，里面装有航天服工作时所需的用品和设备。该背包装有宇航员呼吸的氧气，并能为航天服加压。背包中的调节器使航天服保持正确的压力。风扇使氧气通过航天服和生命维持系统循环，宇航员呼出的二氧化碳从航天服中排出。背包为套装提供电力，并装有用于通信的双向无线电。背包中还装有用于冷却衣服的水、用于冷却水的冷却器以及用于循环冷冻水的泵。

通信帽戴在宇航员的头盔下，里面装有耳机和麦克风。该帽连接到航天服上的无线电，使宇航员能够与其他机组成员和任务控制中心交谈。通信帽有时被称为"史努比帽"，因为它与卡通角色史努比相似。新的探索服包括头盔内的升级音频系统，不需要宇航员戴帽子。集成通信系统的扬声器安装在头盔区域内，多个嵌入式声控麦克风可自动拾取宇航员的声音。

为太空行走而设计的航天服上的头盔可充当压力泡，它由坚固的塑料制成，以保持航天服的压力。它还具有为宇航员提供氧气的通风系统。头盔还包含一个小泡沫块，宇航员可以用它来抓鼻子。气泡外部有一个保护罩，可防止压力泡受到碰撞或刮擦。防护面罩的顶部是遮阳板和遮阳罩，遮阳板具有特殊的金色涂层，其作用类似于宇航员的太阳镜。可移动遮阳板和遮阳罩共同保护宇航员免受太阳强烈射线的伤害，同时提供清晰的视野。

为了在太空中获得最大的机动性和最大程度的保护，在太空行走期间，航天服的压力为 40 kPa 左右，而标准大气压是 101 kPa。航天员在出舱前必须呼吸一段时间纯氧，这个过程叫做吸氧排氮，因为在如此低的气压下，血液中的氮气会呈现气泡，气泡在血液中的活动会给航天员带来痛苦，出现关节疼痛、头晕、痉挛甚至瘫痪等症状。通过吸氧排氮，血液中的氮基本释放出来，这样就可以避免患减压病。美国设计的未来的航天服如图 10-9 所示。

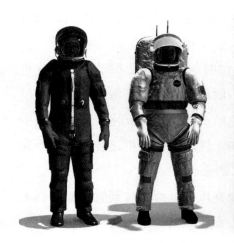

图 10-9　美国未来的航天服

10.3　空间交会对接技术

交会对接是指两个飞行器同时到达轨道上的同一位置并物理连接在一起，这两种飞行器通常被称为被动航天器和主动航天器。无源航天器不进行任何机动或进行少量机动，因此称为目标航天器（如空间站或空间实验室）。但现役航天器会进行一系列轨道机动飞向目标，因此被称为追击者航天器（如宇宙飞船或航天飞机）。

现阶段的空间交会对接技术主要用途有三：其一是为长期在轨运行的太空设施（如空间站）提供人员与货物的天地往返运输服务；其二是方便空间设施的在轨组装建造、保障修复和服务运行（如国际空间站重达 423 吨的各组成模块便极度依赖空间对接技术，以便分次发射并在轨模块化组装）；其三是方便对航天器进行分段重构，以优化任务流程（如阿波罗计划）。

一、对接过程

一个典型的，由空间交会和空间对接共同组成的交会对接过程一般可分为 4 个阶段，包括远距离导引段、近距离导引段、逼近段和对接段。从广义上讲，还可包括对接完成之后的组合体飞行段、分离与撤离段。其基本过程如下：

第十章　载人航天与空间站

- 远距离导引段：远距离导引段从追踪飞行器入轨开始，到追踪飞行器上的敏感器捕获到目标飞行器并转入自主控制为止。根据地面测控系统的指导能力和船载测量设备的性能，远距离导引结束时，两航天器之间的距离为一百多千米至几十千米。

- 近距离导引段：近距离导引段从追踪飞行器上的敏感器捕获到目标飞行器开始，到星载交会控制系统采用相对导航，将追踪飞行器导引到接近走廊外的位置保持点为止。该位置保持点通常在距目标飞行器几百米位置。

- 逼近段：逼近段的交会范围在几百米以内，可进一步分为绕飞段和平移靠拢段。绕飞段是指追踪飞行器在距离几百米时，开始围绕目标进行相对运动控制，将相对位置调节到对接走廊；而平移靠拢段则是指从追踪飞行器进入接近走廊开始，到追踪飞行器与目标飞行器的对接机构互相开始接触为止。

- 对接段：从追踪飞行器与目标飞行器对接机构首次接触开始，到对接机构将两个航天器连接为一个整体的阶段。在对接段，对接机构主要负责完成对航天器的捕获，并形成刚性连接。

具体至实际应用中，以神舟八号与天宫一号之间的交会对接为例，由于目标飞行器（交会对接试验中的被动目标）与追踪飞行器（晚于目标飞行器发射，入轨后主动接近目标飞行器）均具备配合能力，且交会对接过程中对两航天器的控制大部分由地面站与船载设备联合完成，这次对接任务可以被大致归类为"合作目标自动交会对接"。其主要流程为：

1. 远距离导引段

神舟八号对接任务的远距离导引段，是飞船在发射入轨之后，到飞船远距离导引终点为止的一个飞行阶段。这期间主要由地面测控系统在中继卫星及测量船的协助下进行导航计算和控制指令生成，然后将指令注入飞行器并执行相应操作（即"地面导引控制"交会）。此时追踪飞行器的主要飞控工作是通过 5 次轨道控制，使飞船在预定时刻到达天宫一号（目标飞行器）后下方约 52 km 处（即远距离导引终点），控制飞船与目标飞行器建立相对导航，并做好下一步自主控制的准备。

2. 自主控制段

神舟八号对接任务的自主控制段是追踪飞行器从地面导引控制转入自主控制开始，到与目标飞行器完成对接机构接触为止的一个飞行阶段。可具体分为以下三个部分：

（1）寻的段：指神舟八号转入自主控制开始，至进入 5 km 停泊点为止的一个飞行阶段，飞行时间约为 70 min，追踪飞行器和目标飞行器间的距离由 52 km 缩短至约 5 km。

（2）接近段：指两飞行器从 5 km 处，经 400 m 停泊点，到达 140 m 停泊点并准备最终靠拢的一个飞行阶段，飞行时间约为 62 min。

（3）平行靠拢段：指两飞行器从 140 m 停泊点到对接机构最终互相接触的一个飞行阶段，飞行时间约为 10 min 30 s。其中，神舟八号从 140 m 停泊点靠拢至 30 m 停泊点后，地面会对两航天器的对接准备状况进行最终确认；从 30 m 停泊点到对接环接触过程中，神舟八号以约 0.2 m/s 的相对速度，接近天宫一号，直至对接机构初步接触，平移靠拢段结束。

3. 对接段

神舟八号对接任务中，"对接段"是指从两个航天器的对接机构完成初步接触开始，到彻底锁紧并形成刚性连接的组合体这一飞行阶段。在对接机构完成锁紧后，天宫一号接管组合体的姿态控制，建立起组合体飞行模式，开始组合体运行阶段。对阶段全程约 15 min，主要由接触、捕获、缓冲与校正、拉回、锁紧共五个部分组成。

二、对接机构

空间对接机构按照其不同的结构和原理，大致可分为以下四种：

● "环-锥"式机构：人类航天史上最早出现的对接机构类型，通常由内截顶圆锥与外截顶圆锥组成。前者被安装在一系列缓冲器上，使其能吸收冲击能量。使用该类对接机构的航天器包括美国的双子座飞船以及阿金纳目标飞行器。

● "杆-锥"式机构：通常为异体异构式设计，即主动方与被动方飞行器的对接机构互不相同。使用这种对接机构类型的航天器会在被动方的对接口内装有接收锥，在主动方的对接口内装有对接碰撞杆。两艘航天器进行对接时，碰撞杆会逐渐向接收锥内移动，然后接收锥会锁定杆头。使用该类对接机构的航天器包括苏联/俄罗斯的联盟号飞船、礼炮系列空间站以及和平号空间站，美国阿波罗飞船的登月舱与指令/服务舱以及天空实验室等。

● 周边式机构：通常为异体同构式设计，即主动方与被动方飞行器的对接机构可相互兼容。这种设计会在航天器的对接口上设置导向瓣（通常为内翻式导向瓣），以软对接和硬对接两个环节完成整个对接过程。以美制 APAS-95 式对接机构为例，其软对接结构包括一个软对接环，上有 3 个导向瓣和撞锁的撞扣。硬对接结构则位于软对接机构的后端外围，包括硬对接环，上有 12 组硬对接钩子和 3 组硬对接插销。在

第十章　载人航天与空间站

对接过程中，飞船上伸出的软对接环会首先与空间站进行对接，接着两个软对接环上的引导花瓣互相插入，并将上面的撞锁锁住，将飞船和空间站锁在一起，完成软对接环的对接。软对接环完成对接之后，飞船会根据空间站接口上的十字辅助图像继续调整自己的位置，当从飞船上看，该十字图案恰好在中心位置时，便可以开始硬对接。硬对接环上的3组插销装置可保证硬对接处于准确位置。硬对接实现后，两边的12组钩子也会完全钩上，这也标志着飞船和空间站对接成功。阿波罗-联盟测试计划中的联盟7K-TM型飞船和阿波罗对接舱、和平号空间站对接舱、美国的航天飞机以及国际空间站等航天器都曾采用过这种对接机构，如图10-10。

图 10-10　国际空间站上的 Pir 对接模块

- "抓手-碰撞锁"式机构：可分为 ESA 研制的十字交叉式对接机构和日本制的三点式对接机构。通常为异体异构式设计，两者的共同特点是既不具备气密性对接能力，也没有对接通道的设计。适合包括无人空间平台、空间拖船在内的无人航天器之间进行的交会对接。中国的嫦娥五号/六号探测器的返回器/上升器均采用这种对接机构。

10.4 中国的载人航天事业

一、三步走战略

1992年9月，我国决策实施载人航天工程，并确定了我国载人航天"三步走"的发展战略（图10-11）。第一步，发射载人飞船，建成初步配套的试验性载人飞船工程，开展空间应用实验；第二步，突破航天员出舱活动技术、空间飞行器交会对接技术，发射空间实验室，解决有一定规模的、短期有人照料的空间应用问题；第三步，建造空间站，解决有较大规模的、长期有人照料的空间应用问题。

工程前期，通过实施四次无人飞行任务，以及神舟五号、神舟六号载人飞行任务，突破和掌握了载人天地往返技术，我国成为第三个具有独立开展载人航天活动能力的国家，实现了工程第一步任务目标。通过实施神舟七号飞行任务，以及天宫一号与神舟八号、神舟九号、神舟十号交会对接任务，突破和掌握了航天员出舱活动技术和空间交会对接技术，建成我国首个试验性空间实验室，标志着工程第二步第一阶段任务全面完成（图10-12）。

在第二步第二阶段，我国于2016年8月15日发射了天宫二号科学实验室。天宫二号开展了多项高水平的科学试验，如超高精度空间冷原子钟、空-地量子密钥分配和激光通信试验、空间γ射线暴偏振探测、高等植物生长研

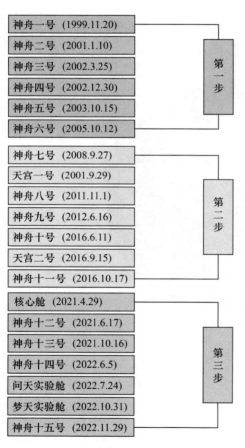

图10-11 中国载人航天"三步走"战略

究、液桥热毛细管对流研究以及空间材料科学研究。这样，我们为空间站建设打下了坚实的基础。

神舟七号太空行走

神舟八、九、十、十一号交会对接

图 10-12　第二步第一阶段任务

二、天宫空间站

空间站阶段的主要任务是：建成和运营我国近地载人空间站，掌握近地空间长期载人飞行技术，具备长期开展近地空间有人参与科学实验、技术试验和综合开发利用太空资源能力。通过实施长征五号 B 运载火箭首飞、天和核心舱、问天实验舱、梦天实验舱，4 艘载人飞船及 4 艘货运飞船共 12 次飞行任务，中国空间站于 2022 年底全面建成，工程随即转入应用与发展阶段，全面实现了载人航天工程"三步走"发展战略目标。

空间站建设具体划分为技术验证和完成建造两个阶段。2021 年 4 月 19 日到 2021 年 10 月 16 日属于验证阶段，这期间发射了核心舱、神舟十二号和十三号载人飞船以及天舟三号货运飞船。在技术验证阶段，我国取得了八项重大技术突破：

1. 长期驻留的再生式生命保障技术。
2. 快速交会对接技术。
3. 快速返回技术。
4. 多自由度机械臂技术。
5. 径向交会对接技术。
6. 机械臂辅助转位技术。
7. 遥控手动交会对接技术。
8. 柔性太阳能电池技术。

2022 年 7 月 24 日到 2022 年 12 月是空间站建造阶段。这期间发射了天和与梦天两个实验舱，发射了神舟十四号和神舟十五号载人飞船以及天舟五号货运飞船。天宫空间站形成 T 字形结构，标志着空间站完全建成。

核心舱是空间站的主控舱段，整个空间站的中枢系统主要对整个空间站的飞行姿态、动力性能、载人环境进行控制。核心舱长17 m，大柱段直径4.2 m，小柱段直径2.8 m。大柱段部位主要是航天员开展工作和实验的地方，小柱段则是航天员的睡眠区和卫生区，保障航天员的生活和居住。此外，核心舱还有4个科学实验柜。在空间站可以进行的学科研究如图10-13。

图10-13 在空间站有优势的研究学科

问天实验舱有8个实验柜，主要开展生命科学试验。如生命生态科学实验柜、生物技术实验柜、科学手套箱和低温柜、变重力科学实验柜等。配置了与核心舱一样的航天员生活设施，包括3个睡眠区、1个卫生区和厨房等设施。与核心舱一起支持两艘载人飞船轮换期间6名航天员的生活。

梦天实验舱有13个实验柜，主要面向微重力科学研究，配置了流体物理、材料科学、燃烧科学、基础物理以及航天技术试验等多学科方向的实验柜，涉及的学科如图10-14，如流体物理实验柜、两相系统实验柜、燃烧科学实验柜、高温材料科学实验柜、超冷原子物理实验柜、高精度时频实验柜以及在线维修装调操作柜等。此外，还有材料、元器件、生物学暴露装置等。该舱配置有货物专用气闸舱，在航天员和机械臂的辅助下，支持货物、载荷自动进出舱。可以对接匹配的飞行器访问空间站，比如神舟载人飞船、天舟货运飞船以及未来和我国标准相统一的国外飞行器等。

图 10-14 物理学的研究领域

与和平号空间站以及国际空间站相比，天宫空间站起步晚，建成时间晚，但天宫空间站有其后发优势，主要体现在：

1. 应用支持能力强。天宫空间站共安装实验机柜 25 个，国际空间站安装实验机柜 31 个，天宫空间站以约国际空间站 1/6 的重量，提供了约 4/5 的实验机柜数量，体现了很高的应用支持效率。

2. 使用柔性太阳能电池，面积大，重量轻，功率大。

3. 轨道控制与姿态控制使用了电火箭，可以大大减少推进剂的用量。

第十一章
卫星导航技术

11.1 卫星导航定位原理

一、卫星定位

在我们的日常生活中，经常遇到"定位"问题。举个例子，你和你的同学计划到天安门广场游玩。同学问你，你现在在什么位置？你回答："我在人民英雄纪念碑北侧约10米。"这样一说，你的同学肯定会很快找到你，因为他知道纪念碑的位置，以及你相对纪念碑的方向和距离。

由这个例子我们可以引出定位的条件：（1）已知建筑物的位置；（2）知道（或可测定）到已知建筑物的距离和方位。

如果要给定位一个明确的定义，那就是精确确定用户或物体在某一标准坐标系下的位置和方向。

由此，我们可以引出什么是卫星定位：把卫星作为已知点，通过卫星来确定待测目标的位置。

立体问题需要至少4颗卫星，这是因为空间中一个点的坐标不仅涉及空间坐标变量，还涉及时间变量（图11-1）。

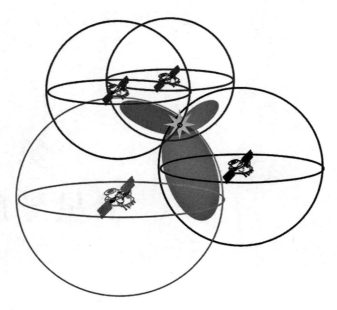

图 11-1　卫星定位原理

根据卫星的轨道和地面测控站的数据，可以确定任一时刻卫星的位置。导航卫星发射编码信号，接收机接收到的信号会有时间延迟，即图 11-2 中所示的 Δt；用这个延迟时间乘以光速，就是用户到卫星的距离。

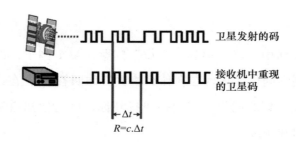

图 11-2　确定到卫星的距离

二、卫星导航与制导

导航是指在知道用户或物体当前位置和目标位置的基础上，确定用户或物体从当前位置到达目标位置的行动路线、方向和速度。

导航首先需要定位，用户需要实时知道自己在哪？目标在哪？怎样到达目标？这除了需要定位系统外，还要有相应的软件。

第十一章 卫星导航技术

导航与定位要解决的关键问题是确定一点的几何位置。定位要求精度较高，导航要求精度较低；定位是静止状态，允许多次观测和处理；导航要求在时间上具有连续性，而定位则没有要求。

卫星导航技术是利用导航卫星传输定位信号，为空中、地面、海上和太空用户提供实时定位的技术（图11-3）。由于它可以提供任何位置、任何人和物体的三维位置、速度和时间等高精度信息，因此具有其他导航技术无法比拟的优势，可广泛应用于交通、测绘、电信、水利、渔业、森林防火、减灾救灾等民用领域。在乘出租车时，我们就经常看到司机利用车载导航软件。这个系统包含了导航卫星接收机、电子地图、智能路线规划和全程语音提示。

同时，卫星导航也可以用于军事领域，如航空航天和武器制导。因此，卫星导航系统已成为一个国家空间信息基础设施的基石，是反映一个国家现代化、强国地位和综合国力的重要标志。在军事方面，许多武器都具有制导系统，制导是导引和控制武器按一定规律飞向目标的技术和方法。制导是建立在导航基础上的，没有导航就没有制导。导航就是告诉你你的方位，再告诉你目的地的方位，至于你要怎么到达目的地，就是由你自己决定了。所以汽车导航时，要到一个地方往往有很多线路，要怎么走要靠你自己决定。所谓制导，就是控制导向，制导不仅知道你的方位和目的地

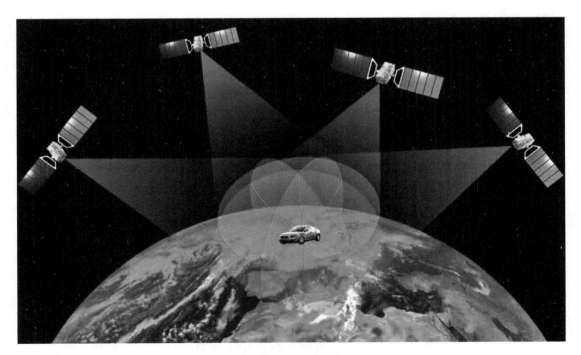

图 11-3　卫星导航

方位,还要控制你的前进路线。制导只有一条路线可以走,这条路线一般是提前定好的,武器或飞机按照这条定好的路线走就可以了。

简单来说,导航与制导的区别就像问路,导航就是给他指路,制导就是给他带路。导航与制导都是将运载体引导到目的地,但导航仅提供信息,不进行控制;而制导既要求提供信息,也要求控制其姿态和轨道。

制导系统由 3 个基本部分组成:跟踪当前位置的导航、利用导航数据和目标信息指导飞行控制"去哪里"的制导,以及接受制导命令以影响空气动力学和/或发动机控制变化的控制。

11.2 全球定位系统

全球定位系统(GPS)是一个由卫星和接收设备组成的网络,用于确定地球上某物体的位置。GPS 接收器提供纬度、经度和海拔高度的位置信息,还提供准确的时间。GPS 包括 24 颗在精确轨道上绕地球运行的卫星,每颗卫星每 12 h 绕地球一周,这些卫星会不断发出无线电信号。

全球定位系统由 GPS 空间段、地面部分和用户部分组成。空间段的 24 颗卫星分别位于 6 个轨道平面,轨道倾角 55°,每个轨道上均匀分布 4 颗卫星。位于地平线以上可见的卫星数目,随时间和地点的不同而相异,最少 4 颗,最多 11 颗(图 11-4)。

GPS 卫星主要部件包括导航信号生成与发射设备和高精度原子钟。此外,还有 12 个单元的多波束定向天线、全向遥测遥控天线以及太阳电池板与蓄电池。

GPS 地面控制有 3 部分:1 个主控站负责收集各个监测站的跟踪数据,并计算卫星轨道和时钟参数,将计算结果通过地面天线发送给卫星。同时还负责管理、协调整个地面控制系统的工作。3 个注入站将主控站传来的卫星星历、钟差信息等指令注

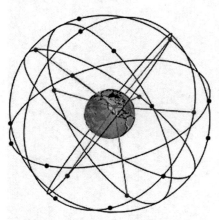

可见卫星数量:现在显示8颗

图 11-4 GPS 星座

入卫星存储器。5个监测站都配备了高精度原子钟,在主控站直接控制下,自动对卫星进行持续不断的跟踪测量,将接收到的数据进行处理和存储,然后传送到主控站。

为了满足不断增长的需求,保持国际竞争力,美国政府致力于长期的现代化计划,提高全球定位系统的性能,包括更强大的抗干扰能力。全球定位系统现代化方案是一项持续的、价值数十亿美元的努力,旨在利用新的功能改进全球定位系统的空间和控制部分,以提高全球定位系统的性能。这些特征包括新的民用和军事信号。

一、新的民用信号

随着取代旧卫星的新全球定位系统卫星的发射,新的信号正在逐步分阶段发射。大多数新信号在 18～24 颗卫星广播之前用途有限。

全球定位系统旨在提高民用用户的性能,目前正在部署用于民用的 3 个新信号:L2C、L5 和 L1C。遗留的民用信号,即 L1 的 L1C/A 或 C/A,将在今后继续广播。总共有 4 个民用全球定位系统信号。用户必须升级设备,以便从新信号中获益。

L2B(1227.6 兆赫):这是第 2 个民用全球定位系统信号,专为满足商业需要而设计。它是双频民用全球定位系统接收器,能够纠正电离层群延迟。对于拥有现有双频操作的专业用户,L2B 提供更快的信号采集、更高的可靠性和更大的操作范围。L2C 广播的有效功率高于传统的 L1C/A 信号,使其更容易在树下甚至室内接收。自 2005 年发射第一颗 IIR-M 号卫星以来,这一信号一直存在。此后,发射的每颗全球定位系统卫星都将包括一个 L2B 发射机。

L5(1176.45 兆赫):L5 是专用于航空安全服务的无线电波段广播。未来的飞机将使用 L5 和 L1C/A 来提高精度(通过电离层校正)和强度(通过信号冗余)。除了运输之外,L5 还将向世界各地的用户提供最先进的民用全球定位系统信号,因为它的传输功率高于目前民用全球定位系统的信号,并具有更宽的带宽。它的较低频率也可以提高室内用户的接收。它将与其他全球导航卫星系统兼容,目标也具有互操作性。这一信号从 2010 年 5 月 28 日发射 GPS IIF-1 卫星以来开始提供。

L1C(1575.42 兆赫):它是为与伽利略系统的互操作性而设计的。它将向后兼容目前的民用信号在 L1,在更高的功率水平广播,包括更先进的设计,以提高性能。该设计将改进在城市和其他具有挑战性的环境中的移动全球定位系统接收。同时,其他卫星导航供应商也在采用 L1C 作为未来国际互操作性的标准。日本的准天顶卫星系统、印度的区域导航卫星系统和中国的北斗系统,全部计划广播 L1C。第一颗传输

L1C 信号的全球定位系统卫星于 2018 年 12 月发射。目前，人们正在分析如何对这个 L1C 信号增强，这项技术包括在 L1C 信号中添加加密水印，不仅可以让用户知道信号何时被欺骗，还能确认另一方 GPS 接收机的位置。

一旦 L2C 和 L5 完全投入运行，其功能将使现在的许多全球定位系统专业人员使用的无编码或半编码全球定位系统接收器不再被需要，以达到非常高的精度。这类接收器的工作方式是利用 L2 频率下加密的军用 P（Y）信号的特性来实现双频能力。美国政府鼓励所有无码/半无码全球定位系统技术的用户在 2020 年 12 月 31 日前使用现代化的民用信号，因为这一日期以后可能会发生变化。

除民用信号外，美军还计划在 L1 和 L2 频率中增加一个新的军事信号，即 M 码。

二、新的全球定位系统卫星

目前的全球定位系统星座是新卫星和传统卫星的混合体。作为全球定位系统现代化方案的一部分，GPS 正在开发新一代卫星区块。

1. 全球定位系统座 IIR（M）

Block IIR-M 系列卫星是 2.2 系列卫星的升级版本。第二阶段报告（M）中的"M"指的是现代化，指的是这一代航天器增加的新的民用和军用全球定位系统信号。由洛克希德·马丁公司制造，共有八颗卫星：SVN-48 至 SVN-50、SVN-52、SVN-53、SVN-55、SVN-57 和 SVN-58。2005 年 9 月启动了第一个第二阶段报告（M），最后一次启动是在 2009 年 8 月。这一块的主要改进是：列入了第二个民用全球定位系统信号，以改进商业应用中的性能，两个新的军事信号提供了增强的军事干扰抵抗力和军事信号的灵活功率水平。

2. 全球定位系统组 IIF

IIF 系列扩大了 IIM 系列卫星的能力，增加了第三个民用信号，以保护生命安全的频率。其中的"F"代表着后续行动。与前几代相比，全球定位系统综合投资框架卫星的寿命更长，精度要求更高。每个航天器都使用一系列的锆原子钟，使时间误差保持在每天 80 亿分之一秒之内。该系列将提高全球定位系统的精度、信号强度和质量。由波音公司主持的 IIF 系列共有 12 颗卫星：SVN-62 至 SVN-73。2010 年 5 月，发射了第一颗综合投资框架卫星。2015 年 3 月 25 日，在佛罗里达州卡纳维拉尔角空军基地成功地发射了三角洲四号运载火箭。这颗卫星由 SVN-71 和 PRN-26 识别，取代了在 B 飞机槽 1F 运行的 SVN-35。这一块的主要改进是：用于运输安全的第三个民用全球定位系统信号（L5）的操作版本、12 年设计寿命和极其精确的原子钟。

3. 全球定位系统Ⅲ

全球定位系统Ⅲ系列是未来的全球定位系统卫星块，卫星设计如图 11-5。除了增强信号的可靠性、准确性和完整性外，全球定位系统Ⅲ还将提供更强大的信号，所有这些将支持该系统的精确性、导航和定时服务。全球定位系统第三阶段的主要改进是：准确度提高三倍；抗干扰能力提高八倍；为改善民用用户的连通性，与欧洲伽利略等国际全球导航卫星系统兼容的新的 L1C 民用信号；模块化设计，今后可增加新技术和能力，以更好地应对不断变化的任务需求和新出现的威胁。

GPS Ⅲ 具有更大的能力：

- 精度提高三倍，这意味着现有 GPS 技术的 5～10 m 精度将大幅提高至 1～3 m；
- 一种区域军事保护能力，可以在战区提供最多 60 倍的抗干扰能力；
- 设计寿命为 15 年，是当前某些 GPS 卫星的 2 倍；
- 精确增强的激光后反射器阵列；
- 新的搜索和救援有效载荷；
- 完全数字导航有效载荷。

图 11-5　GPS Ⅲ 卫星

全球定位系统第二阶段的信息和通信系统将引进新的能力，以满足军事和民用用户日益增加的需求。它们将维持全球定位系统Ⅲ的技术基线，但重新设计全球定位系统，减少了满足定位、导航、定时和核爆炸探测系统任务区所需的总体规模、重量和功率。它还希望通过提供用于协助全球搜索、救援任务区的搜索和救援的全球定位系统有效载荷，带来新的能力。它通过放置激光后反射器阵列来进行精确的测距测量。通过统一S波段能力，解决遥感、跟踪和指挥频率的合并问题。最后，该方案将着眼于提高具有区域军事保护能力的军队的抗干扰能力。全球定位系统现代化方案时间表如图11-6。

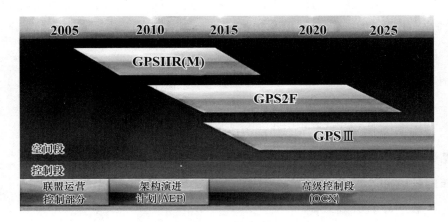

图11-6　全球定位系统现代化方案时间表

11.3　其他卫星导航系统

一、格洛纳斯

格洛纳斯（GLONASS）是一种天基全球导航卫星系统，可在全球范围内持续向所有人免费提供可靠的定位、导航和授时服务。GLONASS接收器利用卫星技术并根据三角测量原理计算用户在GLONASS参考系统中的位置。

GLONASS的空间段由位于3个轨道平面的24颗卫星组成，其升交点相距120°。8颗卫星在每个平面上等距分布，纬度位移幅角为45°。卫星在高度为19 100 km、倾角为64.8°的圆形轨道上运行，每颗卫星绕行一周的时间约为11 h 15 min。卫星的间距可以提供对地球表面和近地空间的连续和全球覆盖（图11-7）。

2006年，时任俄罗斯国防部部长谢尔盖·伊万诺夫下令将现有的 GLONASS 信号之一提供给民用用户，但可实现的分辨率性能仅为约 30 m。然而，还有另一种信号（用于军事目的的加密信号）可以获得更好的性能。2007 年晚些时候，俄罗斯总统普京要求将整个系统提供给所有人。因此，2007 年 5 月 18 日，可实现的性能提高到约 10 m，但仍比 GPS 性能差。此后，系统进行了多项改进，目前 GLONASS 性能和 GPS 性能已经非常接近。

GLONASS 的现代化始于 2003 年第二代卫星 GLONASS-M 的发射。下一代卫星 GLONASS-K 的使用寿命为 10 年，并且首次包括码分，除了传统的 FDMA 信号之外，还支持多址（CDMA）信号。

图 11-7 GLONASS 系统

二、伽利略系统

伽利略系统是一个独立的、全球性的、由欧洲控制的、基于卫星的导航系统。完整的星座包括在 23 222 km 高度上均匀分布在三个轨道平面上的卫星，每个轨道面上有 10 颗卫星，9 颗正常工作，1 颗运行备用，倾角为 56°。每颗卫星绕地球运行大约需要 14 h（图 11-8）。伽利略辅助卫星可作为该星座的补充，它们占据的轨道位置不属于基线星座的一部分，也未事先界定。位于基线轨道平面的辅助卫星可根据维护或服务演变的需要，重新定位到每个轨道平面上的任何指定名义位置。

伽利略基础设施由以下部分组成：

1. 中地球轨道（MEO）中由 30 颗卫星（包括 6 颗备用卫星）组成的星座，每颗卫星均包含导航有效载荷和搜救转发器。
2. 伽利略传感器站（GSS）的全球网络，提供时钟同步和轨道测量的覆盖范围。
3. 两个控制中心。
4. 任务上行链路站网络。
5. 遥测、跟踪和控制（TT&C）站。
6. 伽利略服务提供的额外核心服务基础设施。

在大多数地点，始终能够看到伽利略系统的 6～8 颗卫星，这使得位置和时间能够非常精确地确定。与美国全球定位系统卫星的互操作性更能提高伽利略服务的可靠性。

伽利略系统的基础设施分为两个部分，即空间部分和地面部分，由组成用户部分的用户接收器进行补充。

伽利略空间段的主要功能是生成和传输具有特定伽利略信号结构的代码和载波相位信号，以及存储和转发控制段发送的导航电文。这些传输由卫星上高度稳定的原子钟控制。

2023 年 1 月 27 日，欧州航天局在第 15 届欧洲太空会议上宣布，伽利略全球导航卫星系统的高精度定位服务已启用，水平和垂直导航精度分别可达到 20 cm 和 40 cm。这也代表着伽利略系统已经成为世界上最精确的卫星导航服务。

伽利略系统将提供以下高性能服务。

开放服务：免费使用的开放服务定位精度可达 1 m，面向大众市场，适用于机动车辆导航和基于位置的流动电话服务。它向用户免费提供定位和同步信息，用于大容量卫星无线电导航应用。

高精度服务（HAS）：一种在不同频带提供额外导航信号和增值服务的服务，以补充操作系统。可以对 HAS 信号进行加密，以控制对伽利略 HAS 服务的访问。

公共监管服务（PRS）：公共监管服务仅限于政府授权的用户，用于需要高水平连续性服务的敏感应用程序。它将被加密，进行加强设计，具有抗干扰机制和可靠的问题检测。该服务可用于安全和战略基础设施（例如能源、电信和金融）。

第十一章 卫星导航技术

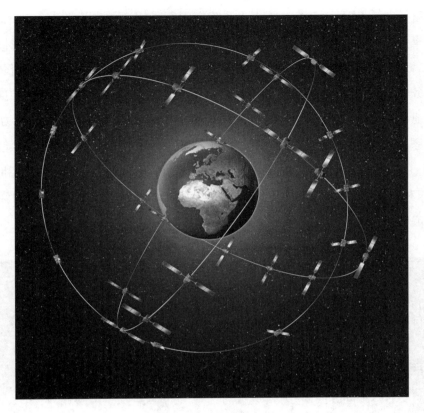

图 11-8　伽利略系统

搜索和救援服务（SAR）：伽利略的全球搜索和救援服务将通过探测信标发送的紧急信号向其传递信息，帮助将遇险信号转发给救援协调中心。

伽利略最初提供的系列是开放服务、公共监管服务和搜索与救援服务。

11.4 北斗卫星导航系统

北斗三号系统星座由 3 颗地球静止轨道（GEO）卫星、3 颗倾斜地球同步轨道（IGSO）卫星和 24 颗中圆地球轨道（MEO）卫星组成。GEO 卫星轨道高度 35 786 km，分别定点于东经 80°、110.5° 和 140°；IGSO 卫星轨道高度 35 786 km，轨道倾角 55°；MEO 卫星轨道高度 21 528 km，轨道倾角 55°，分布于 3 个轨道平面上（图 11-9）。系统视情部署在轨备份卫星。

北斗系统具有以下特点：一是北斗系统空间段采用三种轨道卫星组成的混合星座，与其他卫星导航系统相比，高轨卫星更多，抗遮挡能力强，尤其低纬度地区性能优势更为明显。二是北斗系统提供多个频点的导航信号，能够通过多频信号组合使用等方式提高服务精度。三是北斗系统创新融合了导航与通信能力，具备定位导航授时、星基增强、地基增强、精密单点定位、短报文通信和国际搜救等多种服务能力。

北斗系统具备导航定位和通信数传两大功能，提供七种服务。具体包括：面向全球范围，提供定位导航授时（RNSS）、全球短报文通信（GSMC）和国际搜救（SAR）三种服务；在中国及周边地区，提供星基增强（SBAS）、地基增强（GAS）、精密单点定位（PPP）和区域短报文通信（RSMC）四种服务。

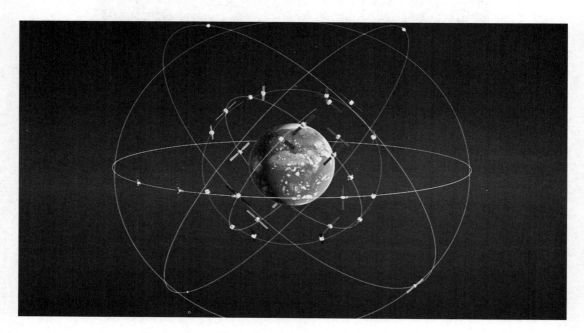

图 11-9　北斗卫星导航系统

11.5 卫星导航系统应用

卫星导航系统的应用是非常广泛的，随着卫星导航技术的发展，其应用的领域和深度也在随之发展（图 11-10）。目前已经得到广泛应用的领域包括公路及铁路运输、物流及航运服务、海洋应用、商用航空、精准农业、自动驾驶汽车、安全和监控应用、船队跟踪与管理、搜救行动、医疗应用（跟踪病人需要特殊照顾）、天气预报、灾害管理、野外测绘、有效的道路交通控制和管理、太空活动以及军事等。

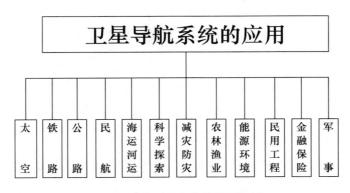

图 11-10　卫星导航的应用领域

一、太空应用

现在，卫星导航的应用已经扩展到太空。例如，我国的飞船与空间站交会对接时就应用了北斗导航系统。空间站和飞船都配备了北斗导航系统的接收机，这样飞船上的控制系统就可以准确地获悉二者的位置及运动状况，控制系统则可根据这些信息科学地控制飞船的速度，实现快速交会对接。以前，载人飞船一般在发射两天后才能实现与空间站交会对接，现在只需要 6.5 h；而货运飞船则创造了一项世界纪录，交会对接时间缩短为 2 h。

目前，我国有关部门正在研制北斗卫星掩星系统，即研制一个低轨卫星星座，接收北斗卫星的信号，从而全面地、准确地监测地球空间环境的变化，包括电离层、中高层大气与低层大气，后者可提高天气预报的水平。

二、铁路系统应用

列车准确的位置和定时，可以使行车间隔时间从 7～8 min 缩短到 4～5 min，相当于延长铁路里程上万公里，节约了大量资金。此外，北斗导航系统还可以为列车提供高可靠、高精度的定位、测速、授时服务。

三、民用航空

卫星导航在民用航空领域应用非常广泛，如航路导航、精密进场着陆、场面监视和管理、空中交通管制、飞行试验与测试以及特种飞机的应用等。

目前，美国和欧洲航天局在研究精密进场着陆方面已经取得很大进展。如果这项技术得到应用，飞机就可以实现"盲降"，不受恶劣天气的影响。

与此相关的两项技术是广域增强系统（WAAS）和地基增强系统（GBAS）。

广域增强系统（WAAS）的目的是提高 GPS 信号的准确性、完整性和可用性，是为民用航空开发的一种非常精确的导航系统。WAAS 可为飞机提供所有飞行阶段的服务，包括航路导航、机场离港和机场到达。

WAAS 的工作原理是利用多个地面参考站采集导航卫星信号并传送给主控站（图11-11）。主控站经过计算得出差分改正，并将改正信息传送给 GEO 卫星，最后由 GEO 卫星将信息传送给地球上的用户，用户通过得到的改正信息精确计算自己的位置。使用 WAAS 系统后，着陆精度可高于 1 m。

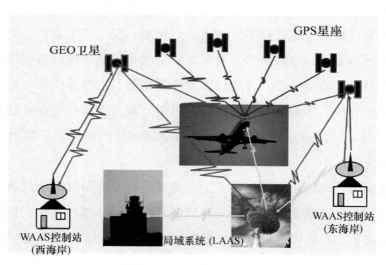

图 11-11　广域增强系统

地基增强系统（GBAS）是一种基于 GPS 信号实时差分校正的全天候飞机着陆系统（以前叫局地增强系统）。位于机场周围的本地参考接收器将测量结果发送到附近的处理单元，处理单元使用这些测量结果，为参考接收器跟踪的 GPS 卫星制定差分校正（图11-12）。其原理与 WAAS 类似，只是用地面的基准站代替了 WAAS 中的地球同步轨道卫星。

GBAS 能够在局部地区提供比 WAAS 精度更高的定位信号,因此可用于引导飞机在机场实施精密操作,可以使飞机盲降。

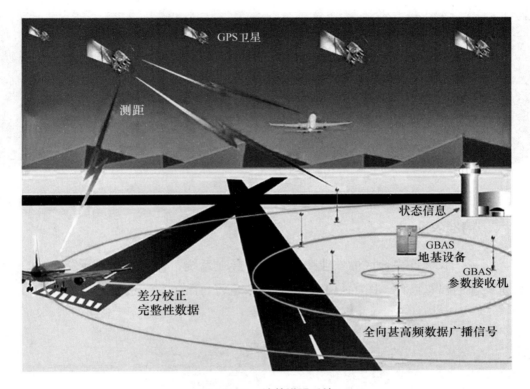

图 11-12 地基增强系统

四、跨洋航行

如果采用精确的导航技术,可以缩短航线,只要节省 1% 的燃料和节省 1% 的时间,便可使海洋运输业每年赢利一亿五千万美元。

五、民用工程

随着技术的发展,未来大型民用工程将不断发展,如隧道、超长大桥、石油管道、天然气输送管道、跨海大桥、海堤的施工等(图 11-13)。而顺利地完成这些超大工程,就需要北斗导航定位系统的协助。

图 11-13 超大工程

六、精准农业

近年来,我国许多地区的农业用上了北斗导航系统,精准农业不断发展。一个实例就是新疆的棉花播种(图 11-14),作者本人也曾目睹了这一景象。

图 11-14 北斗导航拖拉机进行棉花种植

七、军事应用

现代战争具有三个显著特点:远距离精确打击、信息战和太空战。正因如此,卫星导航系统在先打战争中发挥重要作用。最典型的应用领域包括:精确打击武器制导、弹道导弹打击航母、打击地方的核潜艇基地、作战协调,特别是在综合信息系统 C4ISR 中起重要作用。

我们这里主要介绍北斗系统在武器制导方面的作用。前面已经提到,现代战争的一个重要特点是远距离精确打击,而为了实现这一点,就要对武器进行精确制导。武器制导有多种方式,如惯性制导、激光制导和卫星制导等。使用最广的是卫星制导。图 11-15 给出海湾战争以来 GPS 制导武器的使用情况。我们可以得出结论,没有卫星导航,就没有现代战争的主动权。

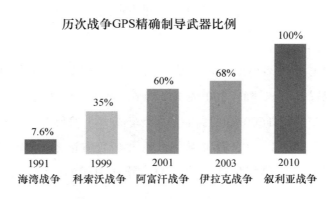

图 11-15　GPS 制导武器使用情况

1. 典型的 GPS 制导炸弹

当今最杰出的智能炸弹技术是波音公司的 JDAM(直接攻击弹药)(图 11-16),美国空军目前使用了配备 907 kg BLU-109 或 454 kg BLU-110 的 JDAM。JDAM 尾部套件包括可调节尾翼、控制计算机、惯性制导系统和 GPS 接收器。GPS 接收器和惯性制导系统都可以让炸弹在太空中自行定位。GPS 接收器通过解释 GPS 卫星信号来确定其位置,而惯性制导系统则监视炸弹的运动,跟踪其从发射位置开始的路径。

在投掷炸弹之前,飞机使用自己的 GPS 接收器来精确定位地面上的特定目标。飞机的计算机会向炸弹的计算机提供目标的当前位置和 GPS 坐标。在空中,JDAM 的 GPS 接收器处理来自 GPS 卫星的信号以跟踪自身位置。与其他智能炸弹一样,控制系统调整飞行鳍,将炸弹"引导"到正确的方向。即使在恶劣天气下,该系统也能正常工作,因为 JDAM 是从卫星信号中获取所有信息的,而卫星信号不会被云层或障碍物阻挡。炸弹根本不需要"看到"任何东西就能找到到达目标的路径。JDAM 也是 1999 年 5 月 7 日我国驻南联盟大使馆 3 名工作人员遇难的罪魁祸首。

图 11-16　JDAM

2. 卫星制导的巡航导弹

巡航导弹基本上是一架小型无人驾驶飞机，由涡轮风扇发动机或固体火箭助推器提供动力，根据配置，可以飞行 800～1600 km。巡航导弹的特点是其令人难以置信的准确性。它可以在飞行 1600 km 后击中一个车库大小的目标。巡航导弹在逃避敌人的探测方面也非常有效，因为它们飞得很低（大多数雷达系统都看不到）。制导方式有惯性制导和卫星制导。典型种类有美国的战斧和中国的长剑 -10。长剑 -10 的射程约为 1500～2500 km。

3. 火箭炮弹

中国的卫士 -2D 火箭炮是目前世界上射程最远、口径最大的火箭炮，最大射程 480 km。这种火箭炮配备了北斗制导导航系统。

4. 弹道导弹

这是一种由火箭推进的自导战略武器系统，沿着弹道轨迹，能将有效载荷从发射场发射到预定目标。

弹道导弹一般采用多种制导方式，遥控式是其中一种。遥控制导系统主要包括指令制导、驾束制导、无线电导航、有线指令制导和卫星制导等。在打击精度要求高的导弹上，卫星制导一般作为辅助的制导系统。但整个发射系统都离不开卫星导航定位系统。

5. "航母克星"东风 -21D

当前，国内外媒体把我国的东风 -21D 弹道导弹称为"航母克星"（图 11-17）。这款导弹到底有哪些特点呢？概括起来有 5 个方面：

（1）射程远，可达 2700 km。如此大的射程，即便是在远离海岸的内陆地区发射，依然也超出了航母战斗群的打击范围，从而对航母构成了远距离打击的巨大威胁。

（2）末端制导精度高，可以准确命中航母。东风-21D采用了雷达主动制导和雷达成像匹配作为末制导技术，圆概率误差在10 m左右。

（3）突防能力强，再入时的速度达十马赫，可突破航母防空导弹拦截。

（4）具有中段变轨和末端制导功能，敌方反导探测系统无法预测和推算导弹的飞行弹道。

（5）内冷式保护罩降低窗口温度，保证制导头能够不受高温影响正常工作。

众所周知，美国对航母的保护措施是相当完备的，打击航母绝不是一件容易的事情。美国航母的防护手段有四方面：

（1）早期预警：有E-2C"鹰眼"预警机，雷达探测距离480 km，飞行在距离航母300多千米的空域，防护范围800 km。

（2）电子干扰：配备"咆哮者"电子干扰机。

（3）防空：设立了三层防空体系，在185～400 km范围由舰载战斗攻击机负责；50～185 km由驱逐舰上的中远程防空导弹负责；50 km以内由航母自己的防御武器负责。

图11-17　东风-21D

（4）反潜：设立了三层反潜体系。

面对美国航母的层层保护，用弹道导弹打击航母会遇到一些难题。第一，目标的实时信息。航母是运动的，而海洋是辽阔的。第二，末端寻得能力。导弹飞行 1000 km 以上，约需 10 min 以上时间，在这期间，航母能移动至少 10 km，机动的范围可以达到 300 多平方千米。第三，需要突破宙斯盾导弹防御系统。航母及周围舰艇配备的宙斯盾拦截导弹发射系统有 61 具发射箱，反导能力是相当强的。

尽管有这些难题，但我国已经掌握了破解这些问题的手段和措施。我们有多种发现与跟踪航母的手段（图 11-18），如高分一号地球同步轨道卫星、吉林一号低轨卫星星座、雷达卫星、电子侦察卫星、导航卫星、数据中继与通信卫星；我们的超视距雷达探测范围是 800～6000 km；还有各种类型的无人机，长程、隐身、电子侦察、红外主动搜索，还有著名的无侦-8，能对目标进行精确定位与跟踪。

概括来说，北斗在打击航母时，作用在以下几方面：

（1）为弹道导弹中途轨道修正提供导航信息。

（2）为参与打击航母的分系统提供空间位置和时间基准信息，这些分系统包括低轨对地观测卫星、电子侦察卫星、无人侦察机、反辐射巡航导弹等。

（3）连同侦察卫星，提供航母实时位置数据。

（4）根据航母实时位置数据，导弹锁住航母，并最后向其发起攻击。

反舰弹道导弹变轨与末端制导的过程如图 11-19。

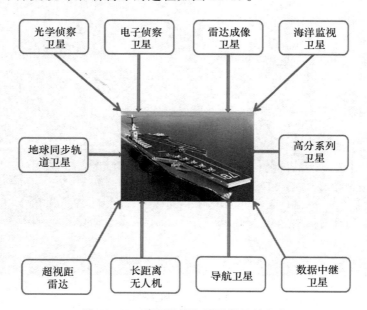

图 11-18　我国监测与跟踪航母的手段

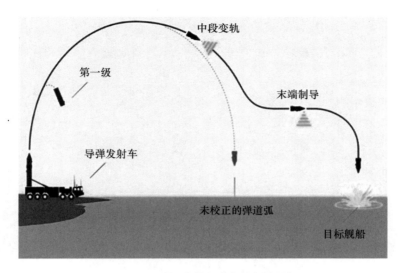

图 11-19 反舰弹道导弹变轨与末端制导

第十二章
空间探测技术

12.1 有效载荷技术

空间探测是空间科学研究的基础，每个研究领域都必须探测相关的物理量。

空间物理学要求探测的物理量包括：磁场（地磁场、行星际磁场），中性大气参数（成分、密度、温度），等离子体参数（电子密度、等离子体温度），带电粒子（能量、能谱、通量）以及 X 射线与 γ 射线（成像、强度）。

太阳物理要求探测的物理量包括：太阳磁场，多波段成像（紫外线、X 射线、γ 射线），日冕图像，能量粒子（能量、能谱、通量）以及太阳风（速度、成分）。

行星科学要求探测的物理量包括：磁场（大小与分布），中性大气（成分、密度），电离层（电子密度分布），磁层（磁层特征）以及地形地貌（地表形态、矿物分布）。

空间地球科学对探测的要求包括：地质特征，矿物分布；环境，灾害监测；天气监测，海洋监测。

空间天文学要求在四个波段对宇宙天体进行观测：红外成像光谱、紫外成像光谱、X 射线成像光谱以及 γ 射线成像光谱。

空间生命科学需要的观测仪器类型包括：高灵敏度光度计；高灵敏度、高分辨率的红外望远镜；另外还有与行星探测有关的仪器。

综合以上分析，空间科学研究共同的探测项目包括磁场、中性大气、等离子体、带电粒子、X射线与γ射线、红外以及紫外成像光谱。

一、磁强计

磁强计有两种基本类型：标量磁强计和矢量磁强计。标量磁强计是用来测量磁场总强度的，矢量磁强计用于测量磁场在特定方向上的分量。

标量磁强计包括奥弗豪泽磁强计、霍尔效应磁强计和质子旋进磁强计等。

奥弗豪泽磁强计将富含电子的液体与氢结合，并受到射频（RF）信号的影响。在这个信号的存在下，液体中未束缚的电子转移到氢核的质子上；由此产生的能量传递使液体极化。进动频率与磁通密度成线性关系，可以用来测量进动频率。

霍尔效应磁强计是一种将存储在磁场中的能量通过载流导体中的比例电压转换为电信号的装置。这些装置还能感应极性。

质子旋进磁强计使用核磁共振（NMR）来测量质子在磁场中的共振频率。一些液体含有高密度的氢原子，如煤油和甲醇。极化直流电流通过样品周围的线圈，产生高磁通量。当极化通量被释放时，质子进动到正常排列的频率可以用来测量周围的磁场。

矢量磁强计使用正交矢量技术来确定磁场强度以及倾角和赤纬。器件类别包括磁通门、磁感应装置、超导量子干涉装置（SQUID）、原子自旋交换无弛豫（SERF）磁强计和磁阻磁强计。

磁通门磁强计使用高导磁率、高矩形比和低矫顽力的软磁合金铁芯，这种铁芯的特性是励磁时磁通量迅速达到饱和。直流磁场加入后，输出信号发生变化，进行数据处理，可从中得到待测磁场的信息。其工作原理如图12-1。

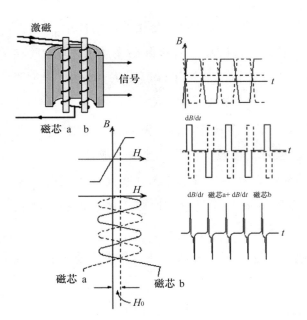

图12-1 磁通门磁强计工作原理

二、中性大气探测仪器

基本探测仪器有质谱仪和光谱仪。

质谱仪是按照离子的荷质比，把在电磁场中运动的离子按质量加以分类计数的一种仪器。它既可以测量粒子成分，又可以测量分压强，在空间探测中有广泛的应用。空间探测中常用的质谱仪有四极质谱仪、单极质谱仪、射频质谱仪、飞行时间质谱仪和磁质谱仪。四极质谱仪的结构和工作原理如图 12-2。

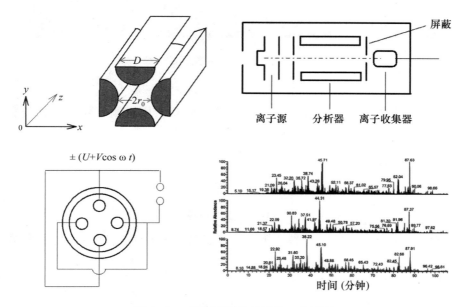

图 12-2 四极质谱仪结构和工作原理

三、空间等离子体测量仪器

主要仪器有朗缪尔探针、粒子谱仪和光谱仪。朗缪尔探针是浸泡在等离子体中的金属电极，在探针和电极间接加电压，并测出相应的电流，所得到的电流和电压的关系曲线，叫做探针的特性曲线。通过探针特性曲线可以获得探针邻近空间等离子体电子密度、离子密度、电子温度以及等离子体空间电位等参量。图 12-3 展示了火星探测器 MAVEN 携带的朗缪尔探针。

目前，许多卫星都携带了用于测量等离子体的光谱仪。等离子体与电磁辐射相互作用会辐射电磁波，通过对辐射的测量，可以给出等离子体的许多信息：

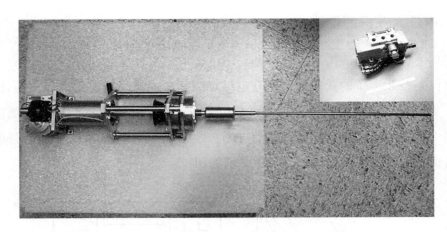

图 12-3　火星探测器 MAVEN 携带的朗缪尔探针

（1）特定谱线的出现及其强度、光谱区域的分布，用于测定粒子的种类和电子温度等。

（2）几条谱线的强度比，测电子温度。

（3）连续谱的强度，测电子温度和数密度。

（4）谱线的频移，测量等离子体粒子的定向速度。

（5）谱线的轮廓、增宽、分裂，测量离子温度、电子数密度及磁场强度等。

四、带电粒子测量仪器

带电粒子探测器的原理是根据粒子与物质相互作用产生的效应，主要有电离与激发效应和切连科夫辐射效应。根据这些效应，我们可以确定入射带电粒子的能谱、通量以及入射方向等参数。

空间带电粒子的种类多，能量变化范围大，因此带电粒子探测器的种类繁多。目前常用的探测器有半导体探测器、闪烁探测器、静电分析器、飞行时间质谱仪以及成像粒子谱仪等。

五、空间 X 射线与 γ 射线探测技术

空间 X 射线与 γ 射线属于高能电磁波，与物质相互作用时会产生光电效应、康普顿效应和电子对效应。这三种作用会产生次级电子，这些电子会在探测器物质中引起电离和激发，由此可以间接探测到 X 射线和 γ 射线。

第十二章 空间探测技术

空间 X、γ 射线成像技术一般采用掠入射光学系统和康普顿散射原理。掠入射光学系统仅在 X 射线能被反射的波长才能使用反射镜。利用全反射现象，可将 X 射线反射镜作为聚焦和成像装置。为了增加有效收集面积，通常将几个抛物面和双曲面反射镜嵌套在一起。钱德拉 X 射线望远镜如图 12-4 所示。

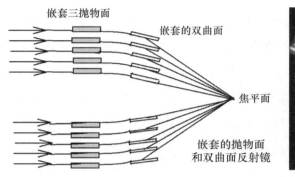
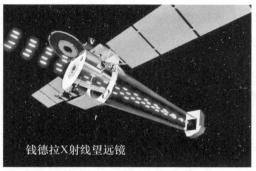

图 12-4　钱德拉 X 射线望远镜

大面积望远镜（LAT），是一个宽视场、高能 γ 射线成像望远镜（图 12-5），能量范围从 20 MeV 到 300 GeV 以上。由 4 部分组成：跟踪系统、热量计、反符合探测器和数据获取系统。

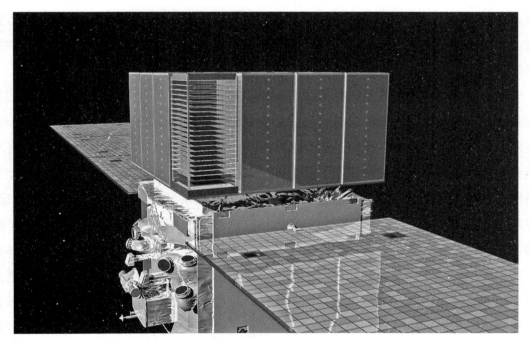

图 12-5　大面积望远镜

六、红外成像光谱仪

红外光对天文学的重要性主要体现在三个方面。第一，有些物体在红外波段更容易被观察到。一些温度较低、不释放太多能量或可见亮度的物质，比如年轻的行星，仍然会发出红外线。第二，可见光的短波长很容易被尘埃粒子反射，这使得可见光很难从密集的星云或气体和尘埃的原行星云中逃逸。波长较长的红外光更容易穿过尘埃，因此，探测红外光的仪器——比如韦伯望远镜上的仪器——能够看到尘埃云内发出红外光的物体。低能的褐矮星和在星云中形成的年轻的原恒星是韦伯可以研究的难以观测的宇宙物体。通过这种方式，韦伯将揭示一个由恒星和行星形成的"隐藏"宇宙，它实际上是不可见的。第三，红外光提供了许多关于万物起源的线索。大爆炸后早期宇宙中的第一批恒星和星系，通过一种被称为宇宙红移的过程，光会随着宇宙的膨胀而被拉伸，所以恒星发出的较短的紫外线和可见光会被拉伸成波长较长的红外光。

韦伯望远镜直径 6.5 m，由 18 个不同的镜面组成。收集面积 25.37 m^2。而哈勃望远镜直径为 2.4 m，有一个固体主镜，收集面积为 4.0 m^2。从重量方面看，哈勃重 11 100 kg，而韦伯的重量只有 6500 kg，二者大小对比如图 12-6。

韦伯使用两种不同类型的探测器，近红外线的碲镉汞（HgCdTe）和中红外线的掺杂砷硅。每个近红外探测器大约有 400 万像素，中红外探测器各有大约 100 万像素。改变探测器中的成分比，可以改变最佳适用波长。更重要的是，这些探测器性能稳定。

红外线成为韦伯的理想选择有几个原因，每一个原因都非常适合望远镜任务的某些目标。首先，韦伯将研究星云。星云是恒星诞生的地方的巨大尘埃云。尽管星云很美丽，但它们"很好地"遮蔽了恒星及其周围空间，给科学家们带来了烦恼。红外线让我们能够观察那些美丽的云层，并更好地了解早期恒星的形成。科学家们还希望韦伯能够清楚地看到一些早期星系。"观察"早期星系存在一个问题：我们看得越远，曾经可见或紫外线的光在到达我们这里时就变得越来越难观察。光线已经发生了红移，并且仅在红外光谱上可见。红外线的另一个优势是：它可以帮助我们确定系外行星的大气层。系外行星是我们的绕其他恒星运行的宇宙近亲。韦伯太空望远镜将通过对不同波长或能量的某些光进行详细测量来对这些系外行星进行光谱分析。某些元素会释放出不同的能量，红外线可以显示比可见光或紫外线波长更多的光谱特征；通过观察吸收光谱，可以看到大气中存在哪些分子。

第十二章 空间探测技术

图 12-6 哈勃（左）与韦伯（右）比较

12.2 地球空间探测技术

地球空间探测主要包括中高层大气探测、电离层探测、磁层与辐射带探测。人类进入太空时代以来，一直注重对地球空间环境的探测。随着空间探测技术的发展，近年来探测的方式和方法发生了一些变化，主要是加强了遥感探测。

一、临边和盘的全球尺度观测

全球尺度的临边和盘观测（GOLD）是 NASA 的一个探测项目，旨在测量地球热层和电离层的密度和温度（图 12-7）。GOLD 利用地球同步卫星上的紫外线成像光谱仪，以前所未有的细节进行了测量，目的是为太阳物理科学的一个首要问题的关键要素提供答案：热层和电离层对综合太阳-地球系统的强迫的全球尺度响应是什么？来自 GOLD 的测量结果将配合热层和电离层的先进模型，以彻底改变我们对空间环境的理解。

GOLD 也是 NASA 第一次在商业卫星上托管有效载荷飞行的任务，并于 2018 年夏天到达西半球指定的地球静止轨道。

GOLD 研究的是地球最高大气层与我们周围空间之间的不为人知的区域，这是一个重要的边界层，它的下面是地面天气，上面是空间天气。

了解这一空间区域至关重要，因为它日益成为人类领域的一部分，不仅是卫星和宇航员在国际空间站上生活和工作的家园，还是全球定位系统和无线电信号传播的区域。地球上的突然变化可能会对我们每天依赖的电子信息系统产生重大影响，包括移动设备上的功能，比如依赖于 GPS 的应用程序。

正如第一颗气象卫星革命性地改变了我们更好地理解和预报地面天气的能力一样，GOLD 将彻底改变我们对空间天气的理解。

GOLD 每隔 30 min 就能扫描整个西半球，追踪高层大气的日常变化，而不是长期气候变化。其中的仪器是一个远紫外成像仪，有两个相同的和独立的光通道。每个通道包含一个紫外摄谱仪，配备一个覆盖 132～162 nm 的成像探测器。这个波长范围包含了热层主要成分——原子氧（135.6 nm）和分子氮（132～162 nm）的重要辐射。

自从 2018 年 10 月到达轨道以来，GOLD 一直关注赤道电离异常，这些异常是在磁赤道南北方向电子密度增强的离子圈区域。任务的主要目标之一是更好地了解环境

图 12-7　GOLD 任务

影响评估的行为及其内部的不稳定性。GOLD 提供了对电离层等离子体变异性的新测量能力，有助于确定其原因。

二、电离层链接探测器

电离层连接探测器（ICON），是 NASA 的一项新的探测任务，它将探索地球和空间之间的边界，以了解我们的世界和我们的空间环境之间的物理联系。这种联系是在电离层中产生的。人们早就知道，电离层与太阳和太阳风有关，具有可变性。然而，人们在 21 世纪认识到，电离层条件的重大变化显然与大气层向上传播的能量和动量有关。ICON 的目标是衡量这两个驱动因素对我们空间环境的影响。

ICON 科学有效载荷位于轨道 ATK 公司的 LEOStar-2 航天器上。ICON 以 27° 倾角环绕地球运行，飞行高度约为 570 km。这使它能够观测赤道周围的电离层。ICON 的目标是观察太空最低边界大约 90～570 km 处发生的事情。

ICON 携带了四种仪器来收集电离层的图像，并直接测量其飞行所经过的空间环境的特征。ICON 的多波段观测及可获得的物理量如图 12-8。

（1）MIGHTI：全球高分辨率热层成像仪的迈克尔逊干涉仪，观测中性大气的温度和速度。这些风和温度波动是由地球表面附近的天气模式驱动的。反过来，中性风驱动空间中带电粒子的运动。

图 12-8　ICON 的多波段观测及可获得的物理量

（2）IVM：离子速度计，用于观察带电粒子运动的速度，以响应高空风的推动及其产生的电场。

（3）EUV：极紫外仪器，捕捉上层大气中氧气发光的图像，以测量白天电离层的高度和密度。这有助于跟踪空间环境对低层大气天气的反应。

（4）FUV：远紫外线仪器，在远紫外线范围内捕捉高层大气的图像。在夜间，FUV测量电离层的密度，追踪它对低层大气天气的反应。在白天，FUV测量高层大气的化学变化，高层大气是太空中带电气体的来源。

12.3 行星探测技术

行星探测方式和方法在许多方面与地球空间探测以及空间对地观测类似，但也有自己的特点。特别是由于各类天体的状态变化很大，因此要根据目标天体的特点选择探测方式和探测重点。如金星与气体巨行星的大气层厚重，因此探测这类天体的大气层就是重点；而月球、水星等天体基本没有大气层，因此探测表面形态就成为重点。

一、达·芬奇探测器

达·芬奇（DAVINCI）任务是金星深层大气稀有气体、化学和成像调查任务，将于2029年发射。该任务将向金星发送一个轨道飞行器和一个下降探测器（图12-9），下降探测器将研究金星大气的化学成分，它将在下降过程中拍照；轨道飞行器将研究和测量金星大气层的成分。这些测量对于了解大气层的起源、如何演化、为什么金星大气层与地球不同等非常重要。金星的大气层密度是地球的90倍，主要成分为硫酸和二氧化碳。该探测器还将寻找金星大气中的氧气。达·芬奇任务将与VERITAS任务一起研究金星。VERITAS也是一项即将到来的任务，将绘制金星表面的地图。

达·芬奇任务的科学目标可以概括为四方面：（1）了解金星大气层的起源；（2）找出为什么金星大气层与火星和地球不同；（3）调查金星过去是否存在海洋；（4）拍摄金星的高分辨率照片，并评估金星是否有板块构造。

该任务将一个球形探测器扔进金星的大气层，一直到达地表，以分析构成每一层的分子。除其他元素外，研究团队打算寻找稀有气体，如氪、氩、氖和氙。由于这些稀有气体是惰性的，它们可以揭示形成和塑造金星及其大气层的化学和地质过程的悠久历史。达·芬奇任务还将寻找遥远过去因水流失而产生的大气化学残留物，以揭示金星是否曾经存在持久的表面海洋。

达·芬奇下降探测器将是自 1985 年苏联的织女星 2 号着陆器以来第一艘进入大气层的航天器。它将降落在一个名为阿尔法的地区，该地区属于一种被称为"特塞拉"（Tesserae）的地质特征。到目前为止，只在金星上发现了特塞拉，它是裂缝和褶皱组成的高地地区，外观类似于地球上崎岖的山脉。像阿尔法区这样的高架区域，位于火山熔岩流形成的周围平原上方约 1.6 km 处，对于研究来说是非常有价值的，因为它们可能是行星上最古老的表面，科学家们可以接触到数十亿年前的岩石。金星表面的红外图像表明，一些小行星上可能有花岗岩山，这是一种富含二氧化硅的岩石，构成了地球的大陆。金星表面的形成过程与地球相似吗？达·芬奇任务希望找到答案。

图 12-9　达·芬奇探测器

达·芬奇任务收集的信息将催化多年的科学分析，使科学家们能够将金星上的化学过程与太阳系甚至更远的地方的化学过程联系起来，并进行比较。

自1985年以来，尚未有新的航天器降落在金星的大气层中，对于金星，科学家们留有许多悬而未决的问题：金星一直是这样的吗，像数十亿年前的地球吗？如果它看起来像过去的地球，那里发生了什么？无论金星上发生了什么，它能告诉我们地球上的气候变化，以及其他类金星行星上的宜居条件吗？

二、"真相"的使命

真相（VERITAS）是"金星发射率，无线电科学，InSAR，地形学和光谱学"的首字母缩略词，其任务概念图如图12-10。这次任务将以迄今为止的最高分辨率扫描金星表面，提供的图像比其20世纪90年代的前身麦哲伦清晰约100倍。航天器上的合成孔径雷达将绘制金星的3D地形图，这些表面的3D图像可以揭示行星是如何形成的以及它如何随着时间的推移而变化。对于太阳系中的其他岩石世界，研究人员通常使用撞击坑来估计某些表面特征的相对年龄，并为该物体创建一个粗略的地质时间表。但在金星上，情况有点复杂。该航天器将在金星周围的轨道上利用金星表面岩石的红外发射来绘制详细的地质图，揭示金星和地球的演化如何分化的真相。这项任务将帮助科学家了解金星是如何变成一个不适宜居住的"地狱"，而地球是如何进化成一个充满生命的家园的。

真相探测器将通过寻找过去和现在的水的证据，提供当前和最近的火山和地表活动的清单，并回答有关岩石行星演化的关键问题，解开金星表面和内部演化的秘密。

真相任务将实现四个第一：

（1）创建金星的第一个全球高分辨率地形和雷达图像。

（2）绘制第一张金星地图，标出地质过程正在积极改变金星表面的地区。

（3）制作第一张地表岩石组成的近全球地图。

（4）首先确定岩心的组成，是固体还是液体。

为了解决科学问题，该任务包括两个科学仪器和一项重力科学调查。

被称为VISAR的雷达仪器将透过金星浓密的云层，极大地改善我们对金星表面地图的认识，并识别出那些正在被地质过程积极改变的地方。VEM光谱仪是一种红外成像仪，它代表了一种强大的新方法，可以观察金星上有什么类型的岩石和矿物，以及它们位于哪里。重力科学调查，通过真相航天器与NASA深空网络（DSN）的巨型天线之间的无线电信号连接，获得有关金星深处内部的数据。与之前的行星探测任务（包括黎明号、卡西尼号和朱诺号）的重力科学调查一样，重力调查将航天器的电信子系统和碟形高增益天线与深空网络连接起来，形成一个跨越地球和金星之间距离的巨大科学仪器。当航天器绕金星运行时，它会探测到行星引力在不同地方的微小变化，这些变化加在一起，与行星内部深处的物质排列相对应，一直到核心。重力科学还能帮助科学家精确地确定金星的旋转方式，包括其轴线上的任何摆动，这也为了解内部的结构和状态提供了有力的见解。

研究人员希望真相探测器与达·芬奇探测器能够提供足够的数据来拼凑金星复杂的地质历史。

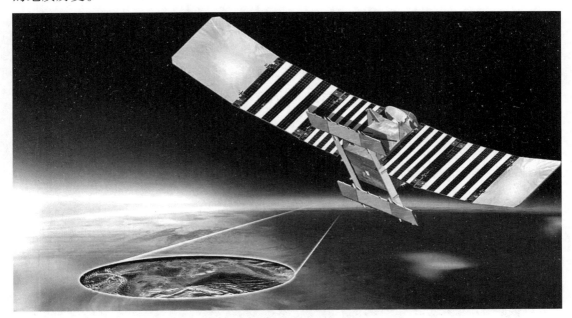

图 12-10　真相探测器

三、蜻蜓号探测器

蜻蜓号探测器是一架旋翼飞行器（图 12-11），旨在探索土星的卫星土卫六。在两年多的时间里，它飞往相距数十千米的各个地点进行测量，主要目标是探索覆盖大面积的多个地表站点的化学性质和可居住性。蜻蜓号的科学目标是：取样材料，分析化学成分和工作过程，以产生生物相关化合物；测量大气条件；识别甲烷储层并确定运移速率；描述地质特征、运输过程、地震活动和地下结构；限制有机物与过去的地表液态水或潜在的地下海洋混合的过程；寻找以水或碳氢化合物为基础的化学生物特征。

蜻蜓探测器是一种四轴飞行器，标称质量为 400～450 kg，大小与最大的火星探测器大致相当。它使用 8 个转子飞行，作为 4 对连接到安装在身体侧面的伸出架上。该飞行器能以大约 10 m/s 的速度飞行，并达到 4000 m 的高度。两个着陆滑块从飞船底部伸出来。动力（名义上为 70 W）由安装在无人机背部圆筒中的放射性同位素热电发电机（RTG）提供，储存在可充电电池中。蜻蜓号将有能力飞行大约半小时，一次电池充电能覆盖大约 10 km 的距离。每个着陆滑橇都配备了一个取样钻，这是 DrACO 取样系统的一部分。搭载的科学仪器包括一个质谱仪（DraMS），一个伽马射线光谱仪（DraGNS），一个地球物理和气象包（DraGMet），以及一套照相机（DragonCam）。

在 2026 年发射并飞越金星和地球之后，蜻蜓号将于 2034 年到达土卫六。进入大气层和初始减速将使用一个气动外壳，然后是制动降落伞展开。大约 80 min 后，主降落伞展开；15 min 后，在 1.2 km 的高度，蜻蜓探测器被释放并开始动力飞行。它将降落在赤道地区香格里拉沙海西北部的沙丘地带。在进行现场测量和研究之后，它将开始每次飞行几千米到其他地点进行现场研究。

由于土卫六的自转缓慢，土卫六上的 1 天大约相当于 16 个地球日。蜻蜓号将在 8 天的"白天"飞行、交流和执行科学任务，在 8 天的"夜晚"为 RTG 电池充电。它将在地面上进行大部分的科学研究，在那里它可以直接获取土卫六表面的样本，并通

图 12-11　蜻蜓探测器

过其现场实验室进行测试。预计在 2.7 地球年的标称任务中，它将覆盖大约 180 km，最终到达最初着陆点以北直径 80 km 的塞尔克陨石坑。

蜻蜓探测器将在每个地点进行不同类型的测量。采样系统可以将表面样品送到质谱仪进行分析，γ 射线能谱仪可以测量岩石的整体成分和浅层地层，气象和地球物理传感器记录大气特性和地震活动，相机将拍摄火星表面的小尺度、全景和鸟瞰图。

四、火星取样返回

火星取样返回（MSR）是火星探测的重要形式，目前 NASA 与欧洲航天局已经制订了火星取样返回的计划，我国也宣布将要进行火星取样返回探测。

取样返回设计的重要问题包括怎样选择样品和取样返回的整体架构。选择样品的原则是科学目标，可根据科学目标的需要选择各种用品。

火星取样返回的基本科学目标包括四个方面：

（1）生命及其有机化学前体。

（2）火星表面物质和表面过程记录。

（3）火星及其大气层的行星演化。

（4）未来人类探索的潜力。

基于分析返回样本所能获得的知识价值的标准，将 4 个基本目标进一步划分为 8 个具体目标，按优先顺序排列，如图 12-12。

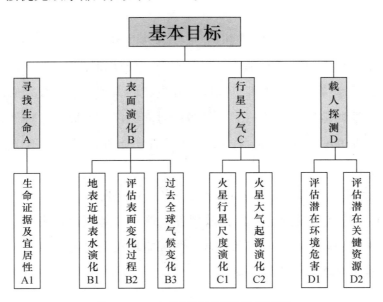

图 12-12　火星取样返回的科学目标

为了执行 MSR 活动，人们设想了几种潜在的架构，包括技术、规划和政策准则及限制因素（图 12-13）。

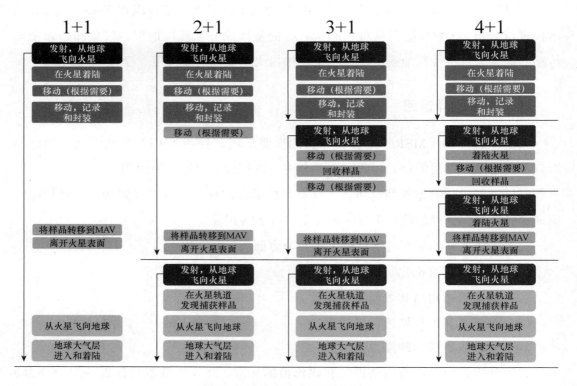

图 12-13　取样返回的体系结构

在 1+1 架构中，一次飞行任务同时完成了选择样本、打包并返回地球的功能。这种架构的优点是一次发射，所有基本飞行元素同时设计和交付。这在设计和开发过程中提高了效率，所有接口和需求都可以同时开发，确保了高效的技术解决方案，以及任务发射和样品返回地球之间（相对）较短的时间跨度。然而，这种架构的缺点是一次性开发所有功能的高昂初始成本，以及将所有功能放在一次发射上的潜在更高风险，特别是难以保证样品的科学价值。

2+1、3+1 和 4+1 架构将基本功能分类为多个独立发射的飞行元素。使用多个飞行单元执行 MSR 的优势是通过将其分散到各个单元来降低初始成本，降低任务失败的风险，并使规划和政策决策具有灵活性。多元素结构的主要缺点是，它们增加了最初采集样本到返回地球所用的时间。

12.4 太阳探测技术

根据探测器的轨道，空间观测太阳主要有四种方式：地球轨道卫星、位于日地第一拉格朗日点的探测器、位于第三与第四拉格朗日点附近的探测器、太阳轨道器以及近距离飞越太阳的探测器。

一、SOHO 飞船

SOHO，即太阳和日光层观测台（图12-14），是欧洲航天局和 NASA 之间的一个国际合作项目，旨在研究太阳从核心深处到外日冕和太阳风。

SOHO 于 1995 年 12 月 2 日发射，由 ESA 全面管理。SOHO 上的 12 台仪器是由欧美科学家提供的。9 个国际仪器联盟由欧洲首席研究员领导，3 个由美国首席科学家领导。

SOHO 在绕第一拉格朗日点（L1）缓慢运行的过程中，与地球同步绕太阳运动。在 L1 点，地球和太阳的联合引力使 SOHO 在轨道上锁定地球-太阳线。L1 点距离地球大约 150 万千米（大约是地球到月球距离的 4 倍）。在那里，SOHO 可以不间断地观测太阳。

SOHO 的科学有效载荷包括 12 个互补仪器。

- 日冕诊断谱仪（CDS）：检测太阳日冕和过渡区离子和原子的发射谱线，提供关于太阳大气的诊断信息，特别是在温度范围从 1 万到 100 万摄氏度以上的等离子体。
- 电荷、元素和同位素分析系统（CELIAS）：当太阳风和来自太阳、行星际和星际的高能离子扫过 SOHO 时，CELIAS 会持续对它们进行采样。它分析了太阳风中粒子的密度和组成。它警告即将到来的太阳风暴可能会破坏地球轨道上的卫星。
- 综合超热和高能粒子分析仪（COSTEP）：COSTEP 仪器可以检测和分类太阳、行星际和星系起源的高能粒子群。
- 极紫外成像望远镜（EIT）：EIT 提供了太阳在极紫外光谱中四种选定颜色的完整圆盘图像，绘制了低日冕和过渡区的等离子体，温度在 8 万到 250 万摄氏度之间。
- 高能和相对论性原子核和电子实验（ERNE）：ERNE 测量来自太阳和银河系的高能粒子。它是 COSTEP 的补充工具。

- 全球低频振荡（GOLF）：通过测量整个太阳圆盘上的速度振荡来研究太阳的内部结构。
- 大角度和光谱日冕仪（LASCO）：LASCO 从太阳边缘附近到 2100 万千米的距离观测太阳外层大气（日冕），大约是太阳和地球之间距离的七分之一。LASCO 用遮光器阻挡来自太阳表面的直射光，创造一个每周 7 天、每天 24 小时的人工日食。LASCO 也是 SOHO 的主要彗星发现者。
- 迈克尔逊多普勒成像仪/太阳振荡调查（MDI/SOI）：MDI 每分钟记录太阳表面 100 万个不同地点的垂直运动（"潮汐"）。通过测量干扰光球层的太阳内部声波，科学家们可以研究太阳内部的结构和动力学。MDI 还负责测量太阳磁场的纵向分量。
- 太阳紫外线发射辐射测量（SUMER）：SUMER 仪器用于对太阳大气进行详细的光谱等离子体诊断（流量、温度、密度和动力学），从色球层到过渡区到内日冕，温度范围从 1 万到 20 万摄氏度及以上。
- 太阳风各向异性（SWAN）：SWAN 是 SOHO 上唯一不观测太阳的遥感仪器。它观察天空的其余部分，测量从星际空间"吹"到太阳系的氢。通过研究太阳风和氢气之间的相互作用，SWAN 确定了太阳风的分布方式。因此，它可以称得上是 SOHO 的太阳风"绘图仪"。

图 12-14　SOHO 飞船

- 紫外线日冕谱仪 UVCS：通过制造人工日食，在日冕（距离中心约 1.3 ～ 12 太阳半径）的紫外线下进行测量。它阻挡了来自日盘的强光，并允许观测延伸日冕的弱辐射。UVCS 提供了关于高电离日冕等离子体的微观和宏观行为的有价值的信息。
- 太阳辐照度和重力振荡的变化（VIRGO）：VIRGO 以太阳强度振荡为特征，并测量太阳总辐照度（称为"太阳常数"），以量化其在几天到任务持续时间内的变化。

二、日地关系观测台

STEREO 是日地关系观测台的缩写。这次任务使用了两个几乎相同的天文台，有史以来第一次提供三维立体图像用以研究日冕物质抛射的本质（图 12-15）。这些强大的太阳爆发是地球上磁干扰的主要来源，也是空间天气的关键组成部分，它可以极大地影响卫星运行、通信、电力系统、太空中人类的生活，甚至长期的全球气候。

STEREO 任务通过同时从两个几乎相同的天文台对日冕物质抛射和背景事件进行成像，为太阳爆发提供了一个全新的视角。为了获得太阳的独特视角，这两个天文台

图 12-15　日地关系观测台

被放置在一个相当具有挑战性的轨道上，一个天文台位于地球轨道的前面，另一个位于地球轨道的后面。就像我们的眼睛之间的轻微偏移为我们提供了深度感知一样，这种位置允许 STEREO 天文台获得太阳的 3D 图像。

STEREO 携带了四个仪器：一个极紫外成像仪，两个白光日冕仪和一个日光层成像仪。这些仪器研究 CME 从太阳表面诞生到日冕和行星际介质最终撞击地球的三维演化过程。

三、太阳轨道器

太阳轨道器是一颗太阳观测卫星（图 12-16），是欧洲航天局和 NASA 之间的一项国际合作项目，任务是从高纬度近距离研究太阳，提供太阳两极的图像，并研究日球层。它在 2020 年 2 月 9 日发射，经过多次飞越进行，利用金星的引力助推作用，增加太阳轨道器在太阳系平面外的倾角，从 24°（标称任务）到 33°（扩展任务）。太阳轨道飞行器将每 6 个月近距离接近太阳一次。它与太阳的距离从水星轨道内到接近地球轨道不等。

太阳轨道器携带 10 个科学仪器：

（1）高能粒子探测器（EPD）；（2）极紫外成像仪（EUI）；（3）磁强计（MAG）；（4）日冕仪（Metis）；（5）偏振和日震成像仪（PHI）；（6）无线电和等离子体波仪器（RPW）；（7）日光层成像仪（SoloHI）；（8）日冕环境的光谱成像（SPICE）；（9）X 射线光谱仪/望远镜（STIX）；（10）太阳风等离子体分析仪（SWA）。

太阳轨道器将帮助我们了解太阳是如何创造和控制环绕整个太阳系的巨大等离子体气泡并影响其中的行星的。

太阳轨道飞行器将从高纬度地区拍摄太阳两极的首批图像。

另外，太阳轨道飞行器将结合航天器周围太阳风的现场测量和遥感，从远处观察太阳的特征，将两者联系在一起。

在最接近太阳的时候，太阳轨道器将离太阳大约 4200 万千米。

该航天器已经过测试，可承受高达 500℃ 的温度——它将承受地球轨道上卫星所承受的太阳加热的 13 倍。一个特别设计的黑色隔热罩，将用于保护航天器和它的仪器免受太阳的热量。

太阳轨道器将为 NASA 的帕克太阳探测器提供背景信息，帕克太阳探测器收集离太阳更近的数据，但没有任何指向太阳的照相机。

图 12-16　太阳轨道器

四、帕克太阳探测器

于 2018 年 8 月 12 日发射的帕克太阳探测器将会彻底改变我们对太阳的认识。图 12-17 给出帕克太阳探测器的轨道。这艘飞船的轨道正逐渐接近太阳表面，比以往任何一艘都更接近水星的轨道。帕克太阳探测器首次飞入太阳大气层的最外层，即日冕，它正在收集测量数据和图像，以扩大我们对太阳风起源和演化的了解。它还为预测影响地球上生命和技术的空间环境变化做出重要贡献。

帕克太阳探测器有以下几个特点：

（1）帕克将比任何航天器飞得离太阳 7 倍以上。

（2）在 7 年的时间里，飞船将绕太阳运行 24 圈。

（3）在最接近太阳的时候，飞船将到达距离太阳约 620 万千米的地方。

帕克太阳探测器有三个详细的科学目标：

（1）追踪加热和加速太阳日冕和太阳风的能量流。

（2）确定太阳风源处等离子体和磁场的结构和动力学。

（3）探索加速和传输高能粒子的机制。

在最后的三个轨道上，帕克太阳探测器将飞到距离太阳"表面"9个太阳半径以内的地方。在最接近太阳的时候，帕克太阳探测器将以大约每小时69万千米的速度围绕太阳飞驰。探测器的太阳屏蔽面面临着接近1400°C的高温，而航天器的有效载荷将接近室温，约为29°C。

帕克太阳探测器将在近7年的时间里环绕太阳24次，7次飞越金星，逐渐缩小其围绕太阳的轨道，接近太阳616万千米，正好在水星的轨道内，比以前任何航天器都近7倍。

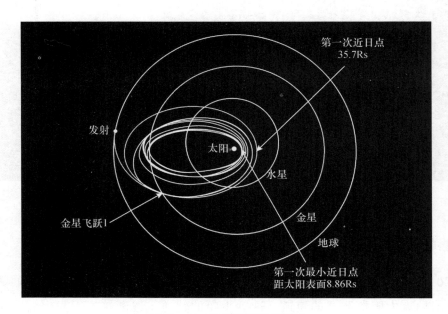

图12-17 帕克探测器的轨道

为了进行这些前所未有的探测，航天器和仪器将被一个11.43 cm的碳复合屏蔽层保护，免受太阳的热量影响，该屏蔽层需要承受航天器外接近1377°C的温度（图12-18）。

该任务的主要科学目标是追踪能量流，了解日冕的加热情况，并探索加速太阳风的原因。帕克太阳探测器将进行4方面的研究：

（1）场实验（Fields）

这项研究将直接测量电场、磁场和波、坡印亭通量、绝对等离子体密度和电子温度、航天器浮动电位和密度波动以及无线电发射。

（2）太阳综合科学考察（IS：IS）

这项研究在太阳大气层和内日球层中观测高能电子、质子和重离子，这些电子、质子和重离子被加速到高能量（10 s的千电子伏到100兆电子伏），并将它们与太阳风和日冕结构联系起来。

（3）太阳探测器宽视场成像仪

这些望远镜将拍摄太阳日冕和内日球层的图像。该实验还将提供太阳风、冲击和其他结构接近和经过航天器时的图像。这项研究对航天器上的其他仪器的测量进行补充，通过对其他仪器样品的等离子体进行成像来提供直接测量。

（4）太阳风电子、α和质子（SWEAP）研究

这项研究将计算太阳风中最丰富的粒子——电子、质子和氦离子——并测量它们的特性，如速度、密度和温度。

图 12-18　帕克探测器

第十三章 军事航天技术

本章结合空间科学与技术专业的学科特点,介绍军事航天技术中的几个关键问题,即现代侦察卫星、远距离精确打击技术、信息战技术和太空战技术。现代战争的特点包括:(1)远距离精准打击;(2)信息战;(3)太空战,如图13-1。

图13-1 现代战争的特点

13.1 现代侦察卫星

一、什么是情报、监视和侦察

情报、监视和侦察（ISR）是所有军事行动的重要组成部分。它为决策者和行动者提供了地面、空中、海上、太空和网络空间的更全面的情况图景。更进一步说，ISR是协调和综合地获取、处理和提供及时、准确、最新、一致和有保障的信息与情报数据，以支持指挥官的行动。地面、海上、空中和空间平台（硬件＋软件）在整体任务支持中起着至关重要的作用。ISR作为更大的地理空间情报任务的来源，是当今全球情报在任务和成本方面的主要组成部分。

ISR常用于军事应用，其原理已在战争中使用了几个世纪。ISR系统可以从多种来源收集信息，包括电子通信、光学、雷达和红外成像。用于收集这些数据的途径包括卫星、传感器、无人机、航空系统、专用地面、海上或天基设备以及人类情报团队。准确的ISR数据对于提供有关敌人威胁的高质量情报至关重要，并有助于提高军事行动的有效性。近年来，技术的不断发展增加了对ISR能力的需求。ISR的各个组成部分包括：

情报：监视、侦察与其他数据相结合的结果；

监视：对目标的连续观察；

侦察：收集数据以解决特定的军事问题。

美国特别重视ISR系统的建设，目前有17个情报机构参与，但主要角色是由五大机构扮演的：中央情报局（CIA）、美国国家安全局（NSA）、国防情报局（DIA）、国家地理空间情报局（NGA）和国家侦察局（NRO）。这些部门最重要的任务是发展军事侦察卫星。美国目前各类侦察卫星的技术特征是：

- 全景光学模式提供每像素15 cm的空间分辨率（CCD矩阵40 000×40 000像素，反射镜直径2.5 m）。
- 多光谱模式：每像素50 cm，包括近红外通道（IR）和热红外，分辨率为每像素5～7 m。
- 雷达成像：每像素15~25 cm（X波段），扩展雷达航天器（SC）在C、L、S、P波段的能力。

- 航天器上的紫外线、高光谱和微波传感器。
- 重力研究，为 ISR 创建高达 1 cm 的参考点。
- 用于在战术战场上破译敌方装备、武器和战斗机的光谱标准。
- 军事装备的移动跟踪及其高精度交战的地理参考。
- 将卫星、航空和无人机信息结合在一个综合处理系统中一个单一的控制域。
- 每个图像像素的编程。

二、光学侦察卫星

光学图像侦察卫星使用电荷耦合器件（CCD）收集图像，形成数码照片，然后从大约 320 km 的高度传输回地球。有关此类卫星的许多细节仍然属于机密，但众所周知，在任何给定时间都会有多个此类卫星。目前最高的成像分辨率为 10 cm 左右。

锁眼-12（KH-12）是美国当前分辨率最高的光学卫星（图 13-2），重 17 吨，长 19.5 m，反射镜孔径为 2.9～3.1 m，地面理论分辨率为 6 cm。轨道近地点约 153 km，远地点 949 km。观测波段有可见光、红外和热红外。采用自适应光学技术，能根据大气层的状态自动调节镜头的焦距，这样可提高空间分辨率。

图 13-2　锁眼-12 卫星

三、现代雷达卫星

雷达卫星在波长范围 15.0～30.0 cm 提供强反射信号,主要来自地球表面较大的物体。无线电波部分穿透雪和植被覆盖,在某些条件下,穿透沙子和土壤。C 波段(3.8～7.5 cm)和 X 波段(2.4～3.8 cm)使用的短波允许检测小地形特征的边界。此外,这些波段的辐射往往在植被和积雪以及地面反射得更强烈。军用空间雷达的发展使用新的频率范围,可穿透地面到几十米的深度。

军用雷达卫星已经达到 10 cm×10 cm 的地面点分辨率,商业航天器正在接近这个值。在轨的现有卫星,Topaz 4 和 5,是未来图像架构雷达(FIA-Radar)系统的雷达组件。

四、电子侦察卫星

电子侦察卫星主要用于侦察截收敌方雷达、通信和武器系统等辐射源目标所辐射的电磁信号,获取侦察情报,进行打击效果评估,为电子信息作战提供情报支援。主要包括信号普查,信号特征参数测量,信号承载的信息内容提取,辐射源定位和地面目标的监视等。

五、天基红外监视系统

天基红外监视系统(SBIRS)是由美国空军研制的天基红外导弹防御系统(图 13-3),由 6 颗 GEO 卫星和 2 颗高轨卫星组成。除了可提供导弹发射预警外,还支持导弹防御、技术情报和战场空间感知。

图 13-3 天基红外监视系统

13.2 信息战技术

一、什么叫信息战

信息战指主要使用以信息技术为主导的武器装备系统、以信息为主要资源、以信息化军队为主体、以信息中心战为主要作战方式、以争夺信息资源为直接目标,并以相应的军事理论为指导的战争。

近年来,随着世界新军事变革加速进行,战争模式从传统单一的作战样式向现代信息化战争转变。据有关专家预测,21世纪的战争将是一场别开生面的信息战。信息化战争,是以信息为核心资源和主导要素,以信息化武器装备为基础,以信息化战场为依托,在陆、海、空、天、电磁、网络认知等全维空间上展开的,以夺取和建立信息优势为核心的高度一体化作战。信息化武器按其作战性质可分为进攻性信息化武器和防御性信息化武器两大类。

进攻性信息化武器可分为软杀伤和硬摧毁两类,比如雷达干扰系统、通信干扰系统、光电干扰系统、电力干扰弹和计算机病毒武器等,都属于软杀伤信息化武器。反辐射导弹、反辐射无人机、电磁脉冲弹、强激光反卫星武器等都属于硬摧毁信息化武器。

防御性信息化武器是由预警雷达等各种电子侦察设备,激光告警、雷达告警灯各种告警装置,红外诱饵弹、雷达假目标等各种电子防御装备,杀毒软件、网络防火墙等各种网络防御装备组成。

信息化武器与陆战、海战、空战、天战武器相比,有自己的特点:

(1)机械化战争武器系统主要运用于陆、海、空战场,而信息化战争除了传统战场外还包括太空、电磁、网络、心理,既扩大了原来的战场空间,又扩展到无形的领域。信息化武器系统将运用于上述空间形成的一体化战场。

(2)信息化武器不再以杀伤战场上的有生力量为目的,信息战把控制信息流、打击对方的侦察预警、指挥控制系统、信息网络和夺取信息优势作为主要任务和打击的重心,从而减少了人员伤亡。

(3)相对于机械化战争,信息化武器作战效果高而成本相对较低。

(4)机械化战争的本质是消灭对方的有生力量,夺占对方的领土和阵地,而信息化武器是以攻击对方的信息获取、传输、存储和处理等能力为目标,本质是干扰、破坏对方的侦察、预警、指挥、决策和作战行动等构成的指挥链。传统武器装备仅在战争爆发后才发生作用，而许多信息化武器，如侦察卫星、电子侦察卫星、预警雷达等在和平时期就能已经全天时、全天候工作。只有这样，才能在战争爆发后发挥作用。

信息化军队的核心是 C4ISR 系统。综合运用电子干扰等软杀伤手段以及反辐射导弹、电磁脉冲弹等硬杀伤武器，打击敌人的 C4ISR 系统，从作战效果来看，更具决定性意义。

二、信息战的五大系统

信息战有五大系统构成，即电子战、网络战、心理战、军事欺骗战与信息保密战。

1. 电子战

电子战包含三部分：电子攻击（EA）、电子防护（EP）和电子战支援（ES），如图 13-4 所示。其中电子支援是为电子攻击、电子防御、武器规避、目标瞄准或其他兵力战术部署这样的快速决策提供近实时威胁识别而采取的行动，主要包括对辐射源的截获、识别、分析和定位。电子支援本质上是对电磁频谱的感知。电子战防御是利用电子支援提供的频谱信息，进行实时频谱使用方式的规划，在时域、频域、空域、码域和极化域有效规避对方的干扰，为雷达、通信等应用提供可以使用的良好频谱资源。这些可供使用的良好频谱资源与认知无线电中的"频谱空洞"进行通信，而电子战防御是利用上述频谱空洞确保雷达能够有效探测，信息能够快速传递。电子攻击是利用电子支援提供的信息，对目标电磁信号实施干扰与破坏。

2. 网络战

狭义地讲，网络战是为干扰、破坏敌方网络信息系统，并保证己方网络信息系统的正常运行而采取的一系列网络攻防行动。广义上讲，网络战是指通过使用网络空间能力，达成或者通过网络空间实现军事目标或效果的首要目标。图 13-5 给出美国的网络战组织结构。

网络空间作战的主要方式有：网络情报战、网络空间攻击作战、网络空间防御作战和网络心理作战。

网络情报战的目的是足不出户地猎取有价值的各类情报，手段是传播病毒和利用黑客工具，主要途径是互联网。网络攻击是利用敌方信息系统自身存在安全的漏洞，或者说技术上的薄弱环节，通过网络指令或者是专用软件进入敌方的网络系统；也可以使用强电磁武器摧毁硬件设备，通俗的说法叫"破网"。

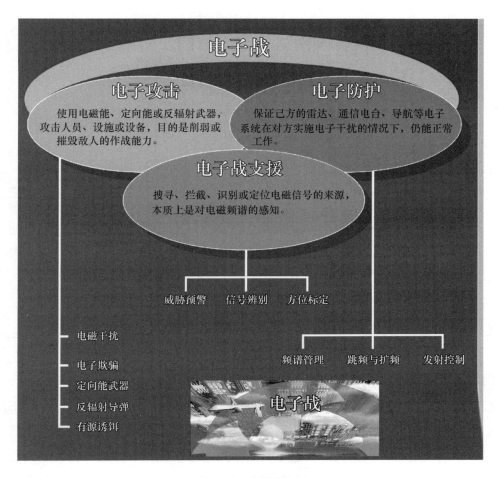

图 13-4 电子战构成

信息时代，网络安全对国家安全而言，牵一发而动全身。《国家信息化发展战略纲要》强调，积极适应国家安全形势新变化、信息技术发展新趋势和强军目标新要求，构建信息安全防御体系，全面提高打赢信息化局部战争能力。网络空间已经成为影响国家安全、社会稳定、经济发展和文化传播的全新领域，网络空间安全随之成为国际社会日益关注的重要议题。因此，我们应采取各种预防措施，切断敌方的入侵途径，使敌方病毒无路可入，保护己方信息免遭网络攻击。主要技术手段有：对计算机加密，防止黑客进行计算机渗透来窃取计算机情报；加强己方计算机网络系统管理、维护和检测，修复各种技术和管理上的漏洞；对敌实施电磁欺骗或干扰，使敌方无法侦测己方计算机设备辐射的电磁信号。

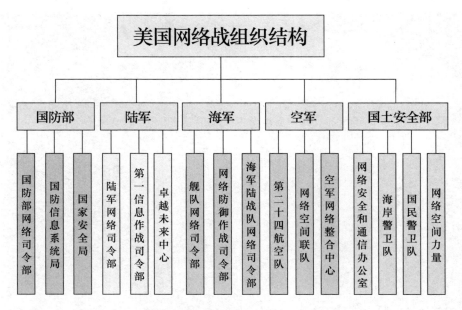

图 13-5　美国的网络战组织结构

网络心理战是以计算机网络为载体，运用心理学原理，通过心理宣传、心理欺诈和心理威慑等手段，从精神上瓦解敌方的一种心理作战方式。它是高技术条件下信息战与心理战结合的重要手段和途径。网络心理战目的是通过网络媒体从心理上打击敌方，达到不战而胜或小战而大胜。它不是直接用军事手段消灭敌人，而是利用在对抗环境中的心理变化规律，通过大量的信息传递，瓦解敌方士气，削弱其抵抗意志，成为"不战而屈人之兵"的一种心理战样式。

3. 其他

军事欺骗是指故意在己方军事能力、意图和行动方面误导敌方决策者，导致敌方采取或停止某些行动，为己方完成任务创造有利条件。

信息保密是信息作战的核心能力之一，既要阻止对手获取己方信息，又要为己方的各种信息作战能力提供必要的信息支援。所谓军事信息安全保密，是指在军事信息领域中通过技术性反窃密、反破坏措施，确保军事信息的完整性、可用性、机密性和真实性，保证采集信息、传输信息、处理信息、存取信息和使用信息的安全。它主要包括军事通信安全保密和计算机安全保密两大部分。军事信息安全保密是科学技术的发展、窃密技术的发展与窃密斗争相结合的产物。在现代技术，特别是高技术条件下，军事信息安全保密已经成为军队保密工作中的一个关键性课题，引起了人们的重视。

13.3 太空战技术

一、什么是太空战

太空战是指大量使用天基武器系统，以地球的外层空间为重要战场进行的作战行动，其目的是争夺制天权。太空战既包括作战双方天基武器系统之间的格斗，也包括天基武器系统对地面和空中目标的打击以及从地面对天基系统发动的攻击。

这个定义涉及四层意思：（1）武器类型，明确说要有天基武器；（2）战场扩展到了太空；（3）战争的目的是夺取制天权；（4）天地一体化，陆、海空、天不存在界限，投入的武器多样化，战斗同时在多层次上进行。

制天权（制太空权）是指在战争中，在一定时间内对某一空间领域所拥有的控制权和主导权。夺取制太空权是为了限制、削弱或破坏敌方力量的作战效能，同时保护己方航天力量正常发挥作战效能。

制太空权对未来战争全局具有重大的主导作用。一方面，未来的太空军事力量"天军"，将是人类高智能、高技术的集合体，在未来武装力量中占据首要地位。另一方面，太空战场极其广阔深远，它全面包容覆盖传统的陆海空战场，具有"居高临下"的空间优势。"天军"一旦控制了太空战场，就能凭借其高智能、高技术和高空间优势，全面控制陆海空战场。制天权将主导制空权、制海权和制电磁权，直接影响战争的进程与结局。

二、空战五大领域

太空战由五大领域构成，即太空态势感知、空间力量应用、空间力量增强、空间支援和空间控制。其中空间态势感知是其他四方面的基础。图13-6概述了这五方面的内容和关系。

1. 太空态势感知

说到太空态势感知（SSA），我们首先要了解"太空态势"包括哪些内容。所谓太空态势，就是与太空战有关的从地面到太空的状态和事件。具体来说包括以下内容：（1）在太空运行的卫星。要分辨卫星的类型、轨道、国别、状态、试图接近己方卫星的卫星。（2）空间天气，包括空间天气的状态和变化、空间碎片的分布，对灾害

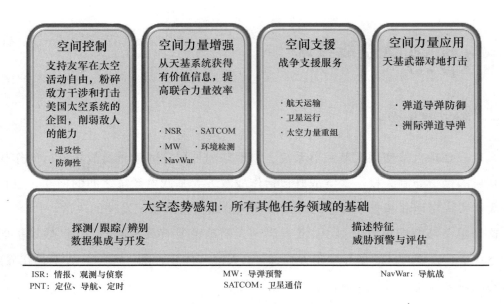

ISR：情报、观测与侦察　　　　　MW：导弹预警　　　　　NavWar：导航战
PNT：定位、导航、定时　　　　　SATCOM：卫星通信

图 13-6　美国太空战五大领域

性空间天气的预报。（3）地面目标，如军事部署、导弹发射和地形地貌等。（4）对通信和导航卫星的干扰源。所谓"感知"，就是要通过地面和太空的设施，及时了解上述因素的状态。

太空态势感知依赖于集成的空间监视、收集和处理，各类卫星系统的状况，以及世界多国空间准备情况。它还包含利用情报来源，以洞察敌方对空间能力的使用及其对己方空间能力的威胁。空间态势感知是空间控制的关键，因为它是实现所有其他空间控制任务的推动者或基础。太空态势感知的目的是提供空间威胁和要打击的目标的信息，其基本功能是探测、跟踪与辨别，威胁预警与评估，描述特征以及数据集成与开发。图 13-7 概述了这四项功能。

2. 空间力量应用

太空力量应用包括太空武器对地面目标攻击、地面对太空设施攻击、太空对太空目标攻击以及弹道导弹防御四个方面。

3. 空间力量增强

航天与信息科技在军事领域内的结合衍生出了空间力量增强的概念（图 13-8）。尽管力量增强这一概念一直与卫星的军事作战效能发展紧密联系在一起，但已很难追溯这一概念提出的确切时间。空间系统最初的主要功能是保障战略威慑力，而将其直接应用于作战是空间系统新的军事用途。简而言之，力量增强是指产生或促进更具有

第十三章 军事航天技术

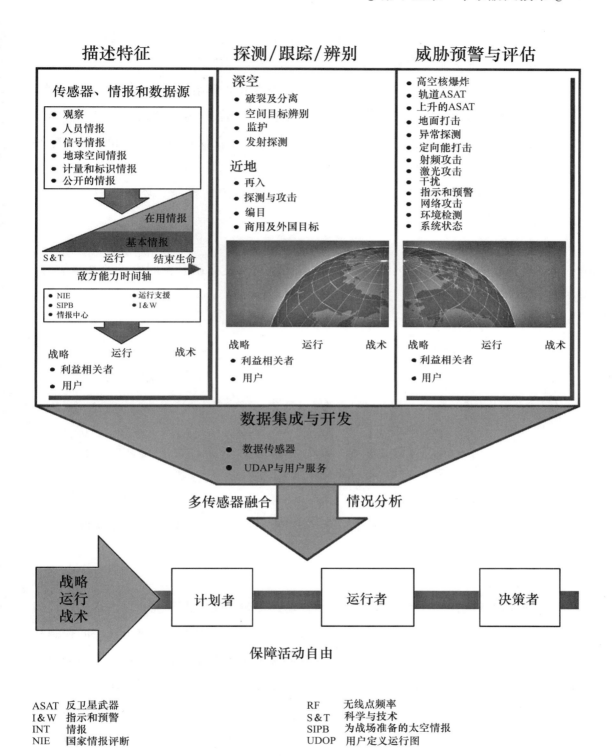

图 13-7 太空态势感知的四项功能

战斗力和更高效率的军事力量应用的能力。先进的科学技术即使没被直接应用于军事作战，也能发挥增强军事实力的功效。

空间力量增强是描述在轨卫星系统对地基平台和武器系统效能倍增作用的总称。太空的优势在于远远高于陆地的最高点，是信息收集和快速分发的最佳位置。精确作战依赖于丰富、优质信息的获取。这里所说的信息，不仅仅是潜在威胁和敌对目标的信息，也包括己方和盟军作战部队的信息。

空间力量增强包括情报观测与侦察、导弹跟踪、发射探测、环境监测、卫星通信、定位导航与定时以及导航战七个方面。

4. 空间支援

空间支援任务包括在整个军事活动范围内管理和支撑所有空间力量的基本能力、功能、活动和任务活动（图13-9）。

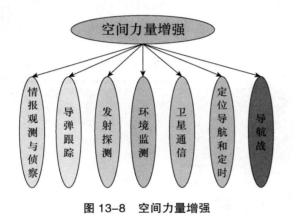

图13-8　空间力量增强　　　　　　图13-9　空间支援

5. 空间控制

空间控制支持盟军在空间的自由行动，在必要时，使敌人干扰和攻击本国及多国空间系统的努力失效。空间控制的基础是太空态势感知，主要包括攻击性空间控制和防御性空间控制（图13-10）。进攻性空间控制是防止敌人怀有敌意地使用本国的空间系统，使敌人用于干扰和攻击本国空间系统的努力失效。防御性空间控制定义为这些操作通过主动或被动的活动保护开发太空的能力。这些活动能保护友军的卫星通信和空间能力免受攻击、干扰和自然灾害的影响，如空间碎片、无线电干扰以及辐射。强大的防御性空间控制能力影响敌人对己方空间能力的认知，使敌人在妨碍这些能力方面失去信心。

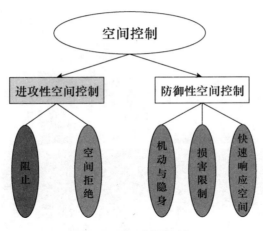

图 13-10　空间控制

13.4　新概念太空战武器

一、高能激光武器

激光武器是一种定向能武器，利用强大的定向发射的激光束直接毁伤目标或使之失效。它是利用高亮度强激光束携带的巨大能量摧毁或杀伤敌方飞机、导弹、卫星和人员等目标的高技术新概念武器。强激光武器有着其他武器无可比拟的优点，如速度快、精度高、拦截距离远、火力转移迅速、不受外界电磁波干扰、持续战斗力强等。美、俄、英、德、法、以色列等许多西方国家都在积极发展强激光武器。激光武器经过三十多年的研究，已经日趋成熟，并将在今后战场上发挥越来越重要的作用（图 13-11）。

从作战用途上划分，激光武器可分为战术激光武器和战略激光武器。战术激光武器是用于光电对抗和战术防空的激光武器，作用距离通常在数千米以内，包括低能激光干扰与致盲武器和高能战术激光武器两种。低能激光干扰与致盲武器采用中小功率激光器，平均功率在万瓦级以下，主要以软破坏的方式干扰、破坏敌方的光电传感器和敌方官兵的眼睛。高能战术激光武器主要用于攻击作战目标，如飞机、战术导弹等。

图 13-11 典型的高能激光武器

战略激光武器，是一种用于攻击战略导弹或卫星的激光武器，射程在几百到几千米，激光功率在千万瓦级以上。

二、动能拦截弹

动能拦截弹是由助推火箭和作为弹头的动能杀伤飞行器（KKV）组成（图 13-12）。KKV 的核心技术，是在太空中精确跟踪、锁定目标，并对本身的飞行方向、速度、姿态进行精确控制，最终使 KKV 本身与目标交会。由于 KKV 和来袭弹头都具有极高的飞行速度，因此 KKV 本身不需要专门射击的穿甲弹体，只需要与来袭弹头发生直接碰撞，就可以完全摧毁目标。

图 13-12　动能拦截弹

三、高超声速武器

高超声速飞行器是飞行速度超过 5 马赫的飞机、导弹、炮弹等有翼或无翼飞行器的总称。由于蕴含巨大的军事和经济价值，所以高超声速飞行器已成为当今世界各军事大国纷纷投资的领域，是 21 世纪航空航天事业发展的一个主要方向。

高超声速飞行器大致可分为两个种类：第一类为吸气式高超声速飞行器，这类飞行器依靠自身高性能动力推进系统就可实现大气层内数倍声速。超燃冲压发动机、脉冲爆震发动机是这类高超声速飞行器的关键技术。第二类高超声速飞行器又被称为助推滑翔高超声速飞行器。目前，助推滑翔高超声速飞行器大多采用技术上可行的火箭助推获得速度完成进入太空，达到最高点后下降进入大气层，进入大气层后通过气动升力效果在靠近大气层的边缘进行滑翔，最终抵达目标上空。

高超声速飞行器之所以受人关注，是因为主要有以下三个优势：一是飞行速度快，如果军用的话，2 小时内可以打击全球任何目标；若用于民用的话，从北京飞到纽约用不了 2 个小时。二是探测难度大、突防能力强，由于高超声速飞行器速度快、通过时间短，导致防御雷达累积回波数量较少，从而不易被发现；而且，即使被发现，地面防空武器系统也难以实现有效瞄准，因此突防概率极高。三是射程远、威力大，目前正在研究的高超声速导弹，其射程都在几百甚至上千千米以上；另外，根据动能公式 $E=mv^2$（物体的动能与其速度的平方成正比）可知，高超声速飞行器在进行高超声速飞行时，其动能非常大，与传统的亚声速飞行器相比，在同样质量的情况下，威力也将增大很多。

高超声速飞行器的技术难点，首先在于必须配备适用于高超声速飞行的发动机。在飞行速度大于 5 倍声速的时候，传统的涡轮喷气、涡轮风扇发动机已经达到了其性能的极限，发动机的效率急剧下降，无法支持高超声速飞行。只有进气口速度为超声速的超燃冲压发动机，才能实现大气层内高超声速飞行。

超燃冲压发动机主要由进气道、隔离段、燃烧室与尾喷管组成。进气道通过一系列激波系对空气进行压缩，为燃烧室提供一定流量、温度、压力的气流，并点燃燃料。它整体结构相对简单，但飞行器自身速度必须已经处于高超声速状态，发动机才能持续工作，推动飞行器。

所谓冲压，就是利用飞行器飞行时的迎面气流的压力，使其进入发动机后自然压缩。现代涡轮发动机则需要串联多个压气机涡轮、实现对空气的压缩。

四、电磁轨道炮

电磁炮以电磁力推动炮弹前进，炮弹不受火药燃速的限制；以导轨和导体弹丸共同构成电流回路，省去了精密、昂贵、笨重的身管；以电能作为发射能源，省去了易燃易爆的发射药，弹药库更安全。美国海军认为，电磁炮理论上的初速完全可以达到第一宇宙速度（7900 m/s），如果用电磁能技术来发射重量接近 155 mm 炮弹的弹丸，可以轻易达到 1000 m/s 的初速，且电磁炮身管寿命将是传统火炮的十余倍；炮塔旋转部分重量是传统火炮的 1/2，炮口冲击波对舰体的震撼和破坏也会降低到"令新型战舰的设计师们感觉非常愉快"的程度。美国海军的电磁轨道炮见图 13-13。

采用新发射机理的电磁轨道炮具有以下几个方面的优点：第一，电磁轨道炮初速高、炮口动能大、射程远。电磁轨道炮发射的弹丸初速可以达到 2500 m/s，大幅度提高了弹丸的射程，配合精确制导炮弹，可以实现远程精确打击。第二，结构便于调整，炮弹质量范围大。传统火炮定型之后结构一般无法更改，但电磁轨道炮则可以根据需要灵活地改变结构，发射不同气动外形的弹丸。

电磁轨道炮第三个的优点是装填方便、快捷、效率高。由于电磁轨道炮可以采用开放式后膛，没有炮闩，可以简化装填机构，便于实现自动装填和连续发射，大大增强了武器的快速反应能力和连续作战能力。同传统火炮相比，电磁轨道炮的发射效率可以超过传统火炮 30%。

因此，电磁轨道炮相对于传统火炮的优势是显而易见的。它射程远，能够与导弹相媲美。弹丸飞行速度快，可实现时敏性打击，而且可以提供全天候的持续海上火力支援。它的弹舱容量大，不采用发射药，作战使用安全，可以提高舰艇的生存能力。电磁轨道炮一旦实用化，在军事领域将具有重大的意义。

但是，电磁轨道炮的研制技术难度非常大，有许多突出的问题需要解决。第一，电磁轨道炮的脉冲电源和常见脉冲电源不同，需要输出极高的电能，电流要求一般在兆安级。因此，电磁轨道炮的电源问题一直是阻止其走向实用化的主要因素。第二，电磁轨道炮的电枢、弹丸以及发射过程也存在着若干技术难题，例如，电枢应采用高精度、耐磨损的特殊轻质导电材料制造，弹丸也需要解决特殊材料和制导方面的难题。

图 13-13　美国海军的电磁轨道炮

五、电磁脉冲武器

电磁脉冲武器是依靠特定技术产生电磁脉冲，在一定地区或目标周围空间造成瞬间的强大破坏性电磁场，毁伤敌方电子设备的一种新概念武器。在西方，电磁脉冲武器被列入大规模电子破坏性武器，被称为"第二原子弹"。电磁脉冲武器产生的各种效应如图 13-14。

电磁脉冲武器主要包括核电磁脉冲弹和非核电磁脉冲弹。核电磁脉冲弹是一种以增强电磁脉冲效应为主要特征的新型核武器。非核电磁脉冲弹则是利用炸药爆炸压缩

图 13-14　电磁脉冲武器产生的各种效应

磁通量的方法产生高功率微波的电磁脉冲武器。电磁脉冲武器可使敌方武器、通信、预警、雷达系统设备中的电子元器件失效或烧毁；导致系统出现误码、记忆信息抹除等故障，强大的高功率微波辐射会使整个通信网络失控。甚至能够提前引爆导弹中的战斗部或炸药。电磁脉冲武器还能杀伤人员，当微波低功率照射时，可使导弹、雷达的操纵人员、飞机驾驶员以及炮手、坦克手等的生理功能发生紊乱，出现烦躁、头痛、记忆力减退、神经错乱以及心脏功能衰竭等症状；当微波高功率照射时，人的皮肤灼热，眼患白内障，皮肤内部组织严重烧伤甚至致死。苏联的研究人员曾用山羊进行过强微波照射试验，结果 1 km 以内的山羊顷刻间死亡，2 km 以内的山羊也丧失活动功能而瘫痪倒地。

强电磁脉冲对现代战争的影响主要反映在以下几方面：

（1）直接影响综合电子信息系统。综合电子信息系统（C4ISR）包括指挥、控制、通信、计算机、情报、监视和侦察，是一个巨大的信息网络，在现代战争中起到神经中枢的作用。而这个系统极易受到强电磁脉冲的干扰和破坏。

（2）现代战争的许多武器都具有很高的电子技术含量，因此，武器本身也容易受强电磁脉冲的破坏。

（3）当前，几乎所有国家的社会和经济系统都离不开计算机和网络系统，因此，一旦发生战争，特别是当对方使用电磁脉冲武器后，不仅影响战争全局，也会对金融、商业以及交通运输等国民经济各领域产生影响，严重时会使整个社会管理陷于瘫痪。例如，一架飞行中的民航客机，若遭遇电磁脉冲侵袭，电磁脉冲能量可经由金属机身、外露天线、座舱等路径，进入机内电子电路中，造成电子组件烧毁，电路被干扰，仪表突然产生各种警报信号，进而使飞机各项数字飞控系统失效，影响飞行员的判断与处置，甚至造成严重事故。

（4）高空核爆炸会产生电磁脉冲，导致电网长时间断电，并大面积摧毁各种电子设备。例如，若在美国上空 30 km 处发生核武器爆炸，将在地面上产生半径约 600 km 的电磁脉冲场。灾难性的后果将远远超出 EMP 领域，导致电网和其他维持生命的关键基础设施在更大范围内崩溃。在美国上空 400 km 处发生一次核武器爆炸，将在地面上形成一个半径 2200 km 的电磁脉冲场，覆盖北美大部分地区，包括美国、加拿大大部分地区和墨西哥大部分地区。

（5）电磁脉冲可影响电离层之稳定性。当雷达波掠过这一被扰乱之区域时，会使其传播途径弯曲，造成雷达所确定的目标位置可能与真正的目标位置有所差异，严重时甚至产生吸收作用，假如雷达波从目标物反射回来必须通过此区域，就会全部被吸收，因而使雷达信号中断。而在军事系统中，许多方面都需要雷达，雷达信号受到干扰，必将影响军事活动。

（6）对信息系统之影响。迅速而准确的情报信息，对军事作战而言，非常重要。但电磁脉冲却能够破坏（或消除）储存在半导体存储器内的数据，或者将装置有控制系统的功能破坏，造成整个信息处理中心瘫痪，信息无法传递，特别是对 C4ISR 系统伤害极大。

第十四章
太空灾害及预防

14.1 空间碎片及其危害

一、什么叫空间碎片

空间碎片也称轨道碎片、太空垃圾，是指一切无功能的，即不再能承担或恢复功能，或不再能够赋予其他功能的人造物体。太空中的物体数量随时间变化如图14-1。

空间碎片的源是多方面的，如末级运载火箭箭体、废弃的航天器、因航天器受撞击而分裂的碎片、反卫星武器试验产生的碎片以及航天员遗弃的工具等。其中一些重大撞击事件产生的碎片数量巨大。如1996年7月24日，欧洲航天局的"阿丽亚娜"火箭残骸以14 km/s的速度撞断了法国电子侦察卫星的重力梯度稳定杆，后者翻滚失效；2005年1月17日，在太空中飞行了31年的美国"雷神"火箭废弃物，和中国6年前发射的长征四号火箭残骸碰撞，长征四号火箭残骸的近地点轨道下降了14 km，美国的火箭废弃物一分为四。太空中还发生在轨卫星相互碰撞事件。2009年，美国1997年发射的一颗铱-33卫星，在美国东部时间2月10日上午11时55分与俄罗斯一颗1993年发射的、当时已报废的卫星相撞，地点位于西伯利亚上空，这是历史上首次卫星相撞事故。情况本来可能更糟，NASA得出结论，其中一颗卫星可能没有直接撞上另一颗卫星的巨大身体,而只是撞上了一个突出的太阳能电池板或天线,产生了 823 块大块碎片,远低于 900 kg 重的"宇宙"与 560 kg 重的"铱"直接碰撞预计产生的大约 1300 块碎片。

美国曾多次进行反卫星试验,每次都会产生大量碎片。2008 年 2 月 21 日,美国导弹巡洋舰伊利湖号发射标准 3 导弹,成功拦截了失控的大型间谍卫星 USA193。美国是世界上最早研制反卫星武器的国家之一,先后研制和试验了采用核弹头、动能拦截弹头的共轨式、直接上升式反卫星武器和激光反卫星武器,并进行了几十次试验。

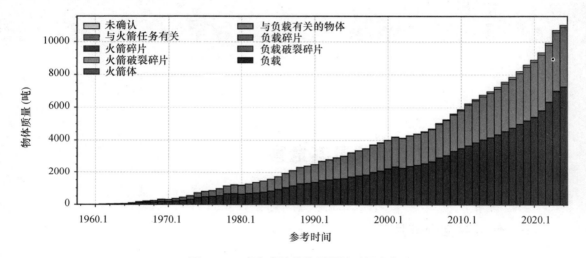

图 14-1 太空中的物体质量随时间变化

太空中还有人为散布的碎片。美国在 20 世纪 60 年代曾经执行过西福特计划,将 4 亿 3 千万根偶极天线 [全长 1.78 cm,直径 25.4 μm(1961 年)/17.8 μm(1963 年)的针状物] 散布在轨道上形成云状环,从而反射无线电信号,以便海外的美军能更好地与本国联系。这一计划散布的针状物分布于高度在 3500～3800 km 之间,轨道倾角在 96°～87°之间的轨道范围,最终成了太空垃圾。根据当时美国驻联合国代表的说法,在太阳辐射压力的作用下,这些针状物将会在短短 3 年内离开轨道。但事实上直到现在仍有相当数目的针状物残留在轨道上,偶然才会返回大气层。

根据欧洲航天局统计,截至 2023 年 3 月,直径大于 10 cm 的空间碎片有 36 500 个,直径 1 cm～10 cm 的空间碎片有一百万个;从 1 mm～1 cm 的碎片则达到 1.3 亿个。

二、空间碎片的效应

空间碎片对卫星的危害主要来自撞击作用。图 14-2 是空间碎片在卫星表面撞击形成的坑。太空中，一个以 10 km/s 运动的小硬币的能量，相当于在地面一辆小汽车以 100 km/h 速度运动所具有的能量。直径小于 0.01 cm 的碎片主要引起航天器表面烧蚀和溅蚀，大于 0.1 cm 的碎片可能引起卫星结构损坏。图 14-3 结出了航天飞机 STS-107 返回后发现的碎片撞击点。

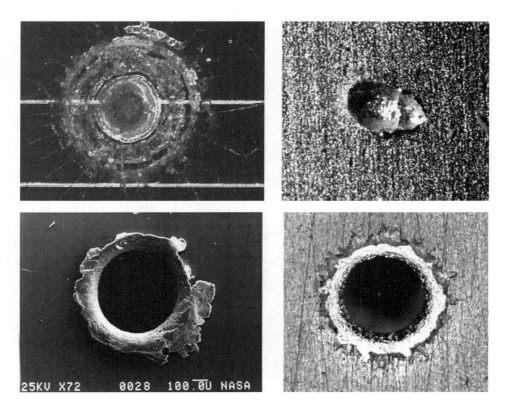

图 14-2　空间碎片在卫星表面产生的坑

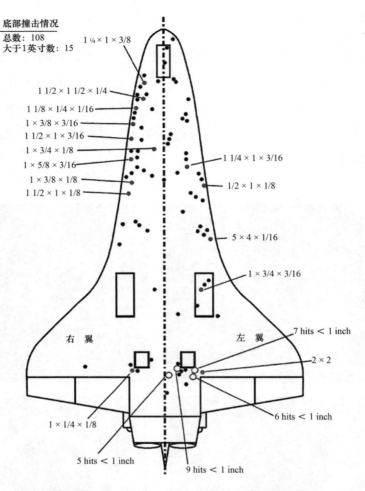

图 14-3 航天飞机 STS-107 返回后发现的碎片撞击点
图中的所有单位是英寸（1 英寸 = 0.0254 米）

14.2 减轻和避免碎片灾害的措施

一、减轻和避免碎片灾害的要求

尽快清理近地轨道碎片。这些碎片直径大于 10 cm，数量超过 3.6 万，且拥挤在某些轨道段上，对空间安全的影响最为严重。

在一定时间内清理地球同步轨道碎片。目前该区域碎片估计在几百个以上，直径较大，地面上能观测到，目前发生碰撞概率较小。但一旦发生碰撞，会造成很大的经济损失。

中轨道（2000～25 000 km）区域碎片暂可不清理。因为截至目前，工作卫星与碎片的总和数量还处在安全状态。

二、清理空间碎片的措施

1. 观测、建模与预报

观测包括地面观测和卫星观测。地面观测设施主要有雷达与光学望远镜；卫星观测设施主要有光学观测和传感器探测。

在观测的基础上建立预报模式。NASA 目前发布的模型有轨道碎片工程模式（ORDEM 3.0）和轨道碎片演化模式（LEGEND）。我国应当建立自己的模式。

2. 激光推移离轨清除

采用烧毁和推移两种方式。烧毁是利用强大激光束照射碎片，使其温度升高直至升华，实现碎片清除；推移是利用高能激光束照射碎片表面，产生类似于火箭推进的热物质流。

3. 太阳帆推移离轨

给地球轨道上的废弃航天器以及较大的空间碎片安装太阳帆，利用太阳的辐射压力慢慢地拖动碎片，使之离开轨道。

4. 增阻离轨清除技术

通过增加碎片飞行阻力，降低碎片轨道速度，进而缩短轨道寿命，使其在规定的时间内离轨再入大气层。增阻方法有膨胀泡沫增阻和静电力增阻等。

5. 捕获离轨清除技术

通过任务飞行器与空间碎片的物理接触来清除碎片，有四种方法：空间拖船、空间系绳、容器收集器、天基磁场发生器。

6. 自主离轨清除技术

在设计航天器时，就增加一套离轨装置，待其寿命末期，启动该装置进行离轨操作。常用方法有：充气装置自主离轨、制动帆自主离轨、太阳风自主离轨。

14.3 小行星撞击灾害

一、小行星分类

小行星的定义是沿椭圆轨道围绕太阳公转的自然形成的固态小天体。NASA 将小行星大小的下限确定为 1 m，一些网站定义为 10 m；目前已知最大的小行星直径为 529 km。国际天文学联合会将流星体的直径限制在 30 μm～1 m 之间。

按位置划分，小行星可分为近地小行星、主带小行星、特洛伊群小行星以及远距小行星。按成分划分，主要类型有 C、S 和 M 类，细分有 S、C、M、D、F、P、V、G、E、B 和 A 类。C 类小行星是含碳的小行星，也是最普通的小行星；S 类小行星是石质小行星，相对亮，反照率为 0.10～0.22，主要成分为硅酸盐+金属的混合，类似镍铁石陨石，约占已知小行星的 17%；M 类小行星是富含金属的小行星，由铁-镍构成，也混有少量的石头。

满足近日距 p 小于 1.3 AU 条件的小行星为近地小行星（NEA）。有一种特殊类型的小行星，被称为"对地球有潜在危险的小行星"（PHA）。如果小行星的地球最小轨道交会距离（MOID）小于或等于 0.05 AU（$7.5×10^6$ km），H（绝对星等）小于等于 22（$D ≥ 140$ m），则定义为对地球有潜在危险的小行星（PHA）。从预防小行星撞击灾害的角度看，我们更关注 PHA。

主带小行星的位置在 2～3.5 AU 之间，数量巨大。特洛伊群小行星位于木星与太阳系的第 4、5 拉格朗日点附近。远距小天体是位于海王星轨道附近及海王星轨道之外的天体，目前发现的数量逐年增加。

二、近地小行星撞击地球的风险

近地小行星撞击地球不是危言耸听，从过去到现在，历史上有大量的观测记录。早期的记录包括以下事件：

- 2.5 亿年前，二叠纪-三叠纪大灭绝：导致地球陆地和海洋生物 95% 灭亡。
- K-T 灭绝事件发生在 6500 万年前，墨西哥尤卡坦半岛大撞击是其中的一个事件，导致恐龙灭绝。
- 5 万年前，撞击产生美国亚利桑那州陨石坑。

- 1908 年发生了通古斯卡大爆炸，一个直径大约为 60 m 的星体在地面高度 8 km 左右破碎，在撞击中心 20 km 以内的所有森林全部被摧毁。

近期的撞击也十分常见。进入 21 世纪以来，发生了多起撞击事件。

- 2000 年 1 月 18 日凌晨，一颗流星体在加拿大的白马市 26 km 上空爆炸，产生巨大的火球，夜空被照亮如同白天。
- 2002 年 6 月 6 日，一颗估计直径 10 m 的小天体撞击了地球。这次撞击发生在地中海，介于希腊和利比亚之间，释放的能量相当于一个小型核武器。
- 2006 年 6 月 7 日，一颗流星体撞击到挪威的瑞瑟达伦。爆炸能量相当于 100～500 吨 TNT 爆炸当量。
- 2007 年 9 月 15 日，一颗流星体撞击到秘鲁西南部一个村庄的水坑中，并在邻近区域散发大量气体。
- 2008 年 10 月 7 日，2008 TC3 小行星接近地球，进入大气层并撞击到苏丹，这个过程被地面设备追踪达 20 h。
- 2009 年 10 月 8 日，一颗巨大的火球出现在印尼的波尼附近天空中。这个天体被认为是一颗直径 10 m 的小行星。
- 2009 年 11 月 21 日，一颗流星体落在南非和博茨瓦纳边界一带的偏远地区，产生了一次小规模撞击。
- 俄罗斯车里雅宾斯克小行星撞击事件发生在 2013 年 2 月 15 日，小行星进入大气层时，在天空中留下大约 10 km 长的轨迹。主要的碎片击中了切巴尔库尔湖。该次事件中，有 1491 人受伤。

三、未来发生撞击的可能性

1. 海量天体尚未发现

到 2024 年 2 月 8 日，已经发现的近地小行星 342 223 颗，PHA 2396 颗，美国宽场红外观察者 WISE 探测器给出的近地小行星数量如图 14-4。但根据模型推断，还有海量天体没有被发现。

2. 不速之客突然来袭

由于各种因素，有些近地小行星直到飞近地球时才被发现，如果这些小行星撞击地球，人类防御都来不及。如 2020 QG 是一颗近地小行星，于 2020 年 8 月 16 日 04:09UT 掠过南半球上空，离地球最近距离为 2940 km，加州理工学院于 2020 年 8 月

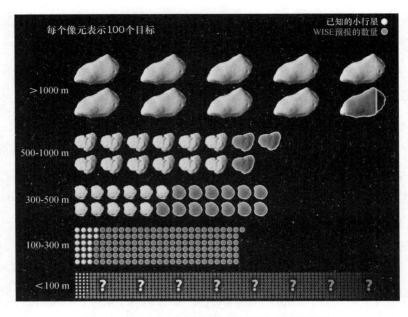

图 14-4　WISE 探测器给出的近地小行星数量

16 日首次发现，发现时距小行星掠过近地点已过去 6 h。表 14-1 给出近 10 年距离地球十分之一地-月距离飞越的小行星。

表 14-1　近 10 年距地球 0.1 LD 飞越的小行星

年	数量	年	数量
2020	5	2015	3
2019	7	2014	3
2018	8	2013	2
2017	7	2012	1
2016	6	2011	3

在上述事件中，有 22 次是在小行星飞过近地点后才发现的。

3. 雅克夫斯基效应使轨道变化

当小行星吸收阳光和释放热量时，会对自身产生一个微小的推动力，进而影响轨道。这种现象称为雅克夫斯基效应。小行星贝努经受的雅克夫斯基效应如图 14-5。根据对小行星 6489 Golevka 的观测，从 1991 到 2003 年间，位置比预期值偏移了 15 km。由于对大多数小行星的表面特征不了解，目前难以确定某个小行星雅克夫斯基效应的大小。因此需要对小行星进行就近观测或取样返回探测。

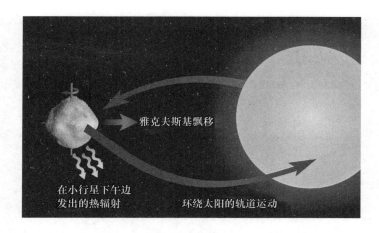

图 14-5　小行星贝努经受的雅克夫斯基效应

4. 外带撞击飞来横祸

2007 年 9 月 6 日,《自然》杂志发表了一篇文章,文章认为小行星 298 巴普提斯蒂娜（Baptistina）可能是一颗在 1 亿 6 千万年前因与较小天体碰撞而被摧毁的母小行星（直径 170 km）的最大残骸,此次事件也造成了巴普提斯蒂娜族小行星诞生。此外,这次事件所产生的碎片之一也被认为最终撞击了地球,而导致了在 6 千 5 百万年前导致恐龙灭绝的白垩纪——第三纪灭绝事件。图 14-6 给出小天体撞击直径为 170 km 母小行星的示意图。

2011 年,一些科学家利用 WISE 的数据得到新的结论,认为巴普提斯蒂娜小行星实际上是在 8 千万年前破裂的,而不是《自然》杂志文章所说的 1 亿 6 千万年。但有一点科学家的意见是一致的,那就是造成恐龙灭绝的撞击事件发生在 6 千 5 百万年前。究竟是哪颗小行星造成了这次事件,还有待于进一步研究。

图 14-6　小天体撞击母小行星示意图

14.4 小行星防御措施

人类自从认识到近地小行星的撞击危险性以来，一直在思考如何减轻和避免小行星撞击地球所带来的灾害，并提出了许多应对措施。从不同的角度考虑，可以把这些措施分成几种类型。

从对撞击者处理方式的角度考虑，可分为偏转小行星的轨道和击碎小行星这两种方式，每种方式又可以有多种方法。前者只将"敌人"赶跑，并不要求消灭；而后一种方式是将入侵小行星击成碎片。

按使用的能源不同，可以分为动能、电磁能、引力作用、太阳能以及核能。

从接近小行星的方式划分，可分为拦截、轨道交会和遥远的空间站。

根据是否能快速地向目标传递能量，碰撞避免措施可以分为直接和间接两种方式。直接方式包括核爆炸、动能撞击器和快速截断火流星的路径。直接方法的优点是节省钱和时间，但它们的效应是立竿见影的，因此执行这类操作需要预测精确的时间。这些方法适合于短期预报和长期预报的灾害，最适合可以直接推动的坚固目标。但是在动能撞击器中，对松弛的聚集体不是很有效。间接方式包括引力牵引、太阳帆以及质量投射器等，速度缓慢，改变小行星轨道将需要很长的时间。

究竟采取何种方式，要根据撞击可能发生的时间、撞击者的大小、撞击者的轨道特征等多项参数，综合加以评估，从中选取最佳方式。图14-7给出应对不同撞击目标建议采取的措施树。图中的NEO泛指近地天体，包括近地小行星和短周期彗星。当然，方法不限于图中所列举的，有一些其他方法可能与图中所述相近。

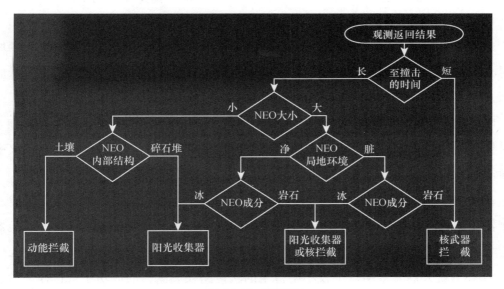

图 14-7　措施树

一、加强观测提前预报

提前获得近地天体的信息，是避免撞击地球的基本保障。一位美国科学家曾风趣地说："若仅提前5年，我们只得互相告别并后悔没有早一点进行观测；若仅提前10年，我们生存的机会仍然不大；如果提前50年，我们会有更多的预防办法。"

目前，全世界许多国家的天文台都开展了对近地天体的观测。一些国家还制订了近地天体观测计划，在确定近地天体分布方面做出了很大贡献。未来，人们将进一步提高观测水平，更新观测设备，发现更多的近地天体，对已经发现的近地天体继续跟踪观测，以便深入了解其轨道特征和表面物理、化学性质。最重要的是，要让全世界的地面观测站联网，数据共享，这样就可以保证及时发现"入侵者"，并确切了解其轨道参数。

二、动力撞击偏转轨道

动力撞击偏转轨道需要使用动力撞击器。用一艘特制的飞船撞击小行星，通过动量转移的原理偏转小行星轨道。动量取决于撞击飞船的速度与质量的乘积，因此，为了获得理想的偏转效果，需要增加飞船的质量和速度。

根据一些学者的计算，将一颗潜在危险的小行星推到安全轨道，要达到的速度变量并不是很大，经验公式为 $3.5/t\times 10^{-2}$（这里 t 是到潜在撞击发生时的年数），单位为 m/s。例如，如果 $t=3.5$，则速度变量只有 0.01 m/s。

动力撞击偏转轨道的方法是人类目前已经掌握的技术，当前的问题是深入掌握撞击对小行星轨道的效应，考虑撞击器大小、速度、撞击方向，选择撞击位置，对此进行深入研究。

NASA 于 2021 年 11 月下旬启动了双小行星重定向测试（DART）任务（图 14-8）。其目标是测试一种称为"动能撞击器"技术的行星防御理论，基本上是通过用火箭高速撞击小行星来改变小行星的轨道。

2022 年 9 月 26 日，DART 与距离地球 1100 万千米的小行星迪莫菲斯相撞。该探测器最初的目标是将迪莫菲斯围绕其较大的伙伴的轨道改变至少 73 s，但航天器实际上将迪莫菲斯的轨道改变了惊人的 32 min。这意味着重达 550 kg、价值 3.14 亿美元的 DART 航天器有效缩短了较小小行星的轨道路径。巨大的成功使得这样一种方法有朝一日有可能用来将一颗有害的小行星从与地球的碰撞过程中推开。

碰撞后，天文台一直在地球上观察这颗小行星，而韦伯太空望远镜和哈勃太空望远镜从太空观察。通过观测小行星反射阳光强度变化，科学家们计算出迪莫菲斯的轨道周期比撞击前短了半个多小时。雷达仪器的后续观测也直接测量了同一轨道，确认它已经从 11 h 55 min 缩短到 11 h 23 min。这是有史以来人类第一次改变行星体的轨道。

现在，人类对怎样预防小行星撞击地球已经提出了十几种方法，但都停留在理论上。此次撞击是首次试验活动，相信能从中取得很多经验和启迪。

图 14-8　DART 任务

三、安装火箭主动变轨

这种方法是在小行星表面安装多个火箭发动机，靠发动机的推力改变小行星轨道（见图 14-9）。发动机可以是大功率的，也可以是小功率的。前者适合预警时间较短

图 14-9　用火箭发动机改变小行星轨道

的情况，后者适合于预警时间较长的情况。小功率发动机也可以是电火箭。电火箭也称等离子体火箭，这种火箭的推力不大，但持续时间比较长，因此也可以作为改变小行星轨道的一种推动力。

四、用太阳帆缓慢助推

太阳帆利用太阳光子撞击到帆上所产生的动量变化，给帆施加一个小的力。当一束阳光照射到像反射镜一样的表面时，光子被反射，同时施加给反射面一个冲力（图 14-10）。

如果飞船以阳光为动力，就要求帆的表面必须很大，做帆的材料必须薄而轻。太阳帆虽然提供的推力小，但作用力一直存在，可以不断地加速，因此最终可大于传统火箭发射飞船的速度。如果以 1 mm/s^2 的加速度考虑，在一天后，一个太阳帆可加速到 310 km/h，并移动 7500 km。12 天后，可加速到 3700 km/h。而太阳帆的另一个优点是不需要传统推进剂。因此，在能提前预警的情况下，可在目标小行星上安装太阳帆，改变小行星轨道。

图 14-10　典型的太阳帆

五、伴飞飞船引力牵引

引力牵引器（Gravity tractor）是一种缓慢地改变小行星轨道的方法。这种方法是将一艘大的飞船发射到小行星附近，与小行星一同飞行。大飞船利用引力作为拖绳，使小行星的轨道逐渐变化，使之偏离撞击地球的轨道。

图 14-11　引力牵引器

图 14-11 所示的飞船是质量为 20 吨的核电动力飞船，它通过在小行星附近简单地盘旋（Simply hovering），拖曳这颗直径为 200 m 的小行星。飞船的等离子体发动机与小行星的表面倾斜（Canted），这种小而稳定的推动将逐渐地、可预测地影响小行星的轨道，只要给定足够的预警时间，引力牵引器就能够偏转小行星的路径，使其离开与地球碰撞轨道足够远的距离。

这种方式的一个优点是可以不管小行星的结构，这就使问题简化了许多。例如，如果想要在小行星表面安装一台发动机，需要有接触机械，但由于小行星表面不是很坚固，难以牢固地与表面固定。另外，大多数小行星自旋比较快，固定在表面的发动机推力方向是不断变化的，只有在小行星自旋到一定方位，发动机的推力才对偏转轨道起作用，因此，安发动机的方法会浪费时间和推进剂。

六、附近实施核弹爆破

在小行星附近进行爆炸,通过爆炸所产生的巨大冲击波改变小行星的轨道。

美国洛斯阿拉莫斯的天体物理学家罗伯特·韦沃及其科研小组正在研究如何利用核武器拦截可能撞击地球的杀手小行星。他们采用的方法是利用洛斯阿拉莫斯实验室的"天空"超级计算机进行模拟,结果表明,用一颗100万吨的氢弹可以阻止像Apophis那样的小行星。

七、天体内部爆炸核弹

美国艾奥瓦大学的一个研究小组在2014年提出了一种减轻小行星撞击地球危害的方法,称为"超高速小行星拦截工具"(HAIV)。这种方法能适应各种时间尺度的预警。

HAIV由组合在一起的两艘飞船组成,位于前端的叫引导船,后端的叫跟随船。飞船首先在深空与目标小行星轨道交会,然后前导船与跟随船分离,前导船实际上是一个动能撞击器,它准确地撞击目标小行星表面并爆炸,产生一个小坑。

跟随船携带着核武器,随后跟进,经由一个带着传感器的长杆进入坑内,随之发生核爆炸,将小行星炸为百万颗碎片。

前导船的作用也是很大的,在坑内爆炸,效果将比在附近或表面爆炸增加20倍。

核爆炸产生的碎片是否会撞击地球,取决于爆炸点到地球的距离。如果爆炸位置选择合适,碎片效应可以大大减小。

八、天体表面质量投射

这个方法的基本思路是用多颗着陆器与危险小行星交会、接触,并在表面进行钻探,用质量投射器(Mass driver)将挖掘出的物质高速抛出。这样,经过几周或几个月后,目标小行星的日心轨道逐渐偏离靠近地球的轨道。

质量投射器也称电磁弹射器,是一种以电磁能量为动力,将负载加速到很高速度的一种方法,原理和电磁炮类似。

在小行星上的质量投射器是一个自动系统,不断地将小行星上的物质抛向太空,给小行星施加一个缓慢而稳定的推力,并使其质量减少。为了提高质量抛射的效率,可同时安装多个质量投射器(图14-12)。

第十四章 太空灾害及预防

图 14-12 多个质量投射器

九、强大激光进行烧蚀

利用太空飞船产生的强大激光束照射小行星，使小行星表面物质气化，飞离其表面，使小行星的动量发生变化，从而导致轨道的变化。

早在 1984 年，美国就研制了类似太空激光装置，称为"战略防御初始概念"。天基反应堆发出强激光束，用此照射太空目标，将引起目标动量的变化。

定向能行星防御任务（DE-STARLITE）是美国加利福尼亚大学圣芭芭拉分校的学者建议的，我们首先搞清这个词的意思。

DE-STAR 是英文 "Directed Energy System for Targeting of Asteroids and exploRation" 的缩写，意思是把小行星作为照射和探索目标的定向能系统；而 DE-STARLITE 是在上述英文后面加了 LITE，是指一颗携带激光装置的飞行器，利用激光烧蚀的方式改变小行星轨道。这个系统适合于偏转直径为几百米的小行星的轨道。其工作原理如图 14-13。

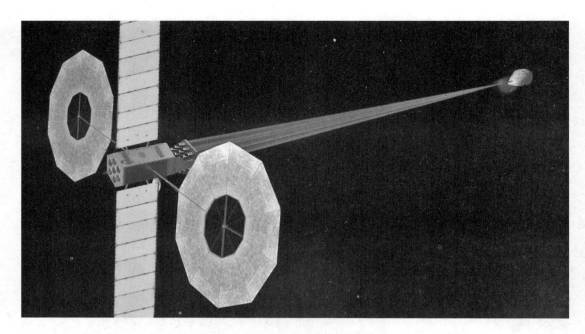

图 14-13　DE-STARLITE 示意图

DE-STARLITE 的轨道偏转能力有多大？

当利用 DE-STARLITE 的激光束照射目标小行星时，被照射区的温度达 3000 K，单位面积上接收到的能量大于 10^7 W。这将使小行星受照射区直接蒸发，产生蒸汽羽烟，这一羽烟对小行星产生推离，改变小行星轨道，有效地避免小行星撞击地球。数字模拟结果表明，如果对目标小行星施加大约 2 N 的力，连续施加 15 年，则可将直径 325 m（小行星 Apophis 的直径）的小行星轨道从与地球碰撞偏转 2 个地球半径；如果施加 10 N 的推力，则在相同时间内可将轨道偏离 13 个地球半径。

DE-STARLITE 的能量从哪里来？

这些能量都来自太阳能电池。DE-STARLITE 携带了两个直径为 15 m 的太阳能电池板，每个电池板能提供 50 kW 的电能，总共为 100 kW。图 14-14 给出太阳能电池板的外形。

有了电能还不够，还要将这些电能转换为激光。为此，DE-STARLITE 还携带了激光产生装置，最后经过激光相控阵发出定向激光束。图 14-15 给出激光相控阵的外形。

第十四章　太空灾害及预防

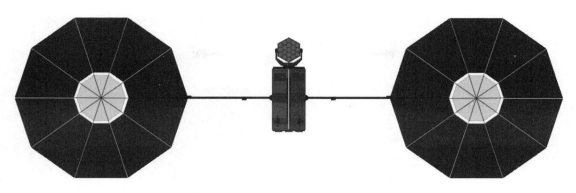

图 14-14　DE-STARLITE 的太阳能电池板

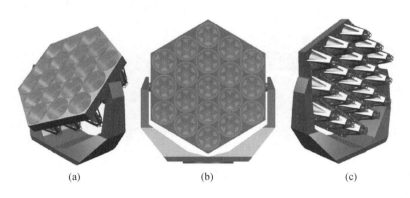

图 14-15　激光相控阵的外形
（a）以 45°角看；（b）正面看；（c）从背面看

十、增强雅克夫斯基效应

既然雅克夫斯基效应对小行星轨道有明显的影响，我们就要想方设法扩大这种效应，以便有效地偏转对地球有潜在危险的小行星的轨道。常用的方法有喷漆法和光照法。

所谓喷漆法，就是往小行星表面喷洒一些粉末，这些粉末的特点是能有效地吸收阳光或发射阳光，增强雅克夫斯基效应。具体方法是让飞船携带选定的粉末，通过一个细管将这些粉末加压喷出。由于粉末与管壁摩擦，使得飞出的粉末获得额外的电子，因而带负电。小行星在太阳风的作用下，表面带正电，这样，带负电的粉末就牢牢地沉积在小行星的表面，增强雅克夫斯基效应，进而改变了小行星的轨道。图 14-16 给出了改变轨道的过程。

光照法则是在围绕小行星运行的飞船上安装太阳反射镜，将聚焦的阳光照射到小行星表面，由此增强雅克夫斯基效应。

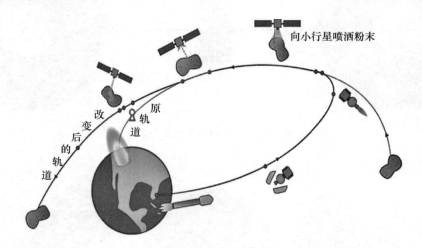

图 14-16　通过增强雅克夫斯基效应改变小行星轨道